建筑施工专业人员上岗丛书

毕业就当测量员

白会人　主编

中国电力出版社
CHINA ELECTRIC POWER PRESS

内 容 提 要

本书内容主要包括：建筑施工测量基础知识、水准测量、角度测量、距离测量与直线定向、测量误差的基本知识、建筑施工测量、建筑物的变形测量、建筑施工测量管理。资料翔实、层次分明、实例丰富。

本书适用于初涉建筑施工测量的大学毕业生使用，同时可供建筑施工管理人员及建筑施工测量培训结业人员学习，也可供高等院校土建类专业师生参考。

图书在版编目（CIP）数据

毕业就当测量员/白会人主编. —北京：中国电力出版社，2010.12

（建筑施工专业人员上岗丛书）

ISBN 978-7-5123-1187-9

Ⅰ.①毕… Ⅱ.①白…Ⅲ.①建筑测量-基本知识 Ⅳ.①TU198

中国版本图书馆 CIP 数据核字（2010）第 244888 号

中国电力出版社出版发行

北京市东城区北京站西街 19 号 100005 http://www.cepp.sgcc.com.cn

责任编辑：关童 责任印制：郭华清 责任校对：李亚

航远印刷有限公司印刷·各地新华书店经售

2011 年 4 月第 1 版·第 1 次印刷

700mm×1000mm 1/16 开本·11.5 印张·211 千字

定价：**26.00** 元

编写人员名单

主　编　白会人

副主编　张国辉

参　编　卢俊文　蒋　莉　王伟艳　徐　娜　孙明月　杨礼辉
李艳红　马文杰　孙　雷　田　婧　白雅君　周　扬
刘铁力　石虎兆　张　新　李红波　余海娟　尹　翔
李程林　田原昌　杨菊臣　宋　伟

前　言

测量员肩负着重要的职责，在工程建设施工中必不可少。测量员的技术水平和职业素养的高低直接关系到建设项目能否高效、高质量地完成，也会对建筑企业产生很大的影响。

为帮助众多刚毕业的大学生，解决他们的忧虑与困惑，本书由施工一线的专家、学者，以及长期从事建筑施工专业教学的教师编写。希望能够帮助从“校园”到“施工现场”不适应的大学毕业生更好更快地进入工作状态，力求使本书真正成为当代大学毕业生初涉工作岗位的小助手。

本书以现行的国家规范、标准为依据，从测量员工作需要出发，力求体现行业特点，注重工作能力培养。主要内容包括建筑施工测量基础知识、水准测量、角度测量、距离测量与直线定向、测量误差的基本知识、建筑施工测量、工程建筑物的变形测量、建筑施工测量管理。

由于编者经验有限，书中错误及不当之处在所难免，敬请广大读者批评指正。

编者

目　　录

前言
第1章　建筑施工测量基础知识 …… 1
1.1　地形图基础知识 …… 1
◎地形图阅读 …… 1
◎地形图比例尺及比例尺精度 …… 3
◎地形图的分幅与编号 …… 3
◎地物符号 …… 5
◎典型地貌的等高线图 …… 13
1.2　建筑图基础知识 …… 15
◎施工图首页 …… 15
◎建筑平面图 …… 15
◎建筑立面图 …… 19
◎建筑剖面图 …… 20
◎详图 …… 20
1.3　测量误差基础知识 …… 21
◎观测条件 …… 22
◎系统误差 …… 22
◎偶然误差 …… 22
第2章　水准测量 …… 24
2.1　水准测量的原理及规定 …… 24
◎水准测量原理 …… 24
◎测站和转点 …… 25
◎水准测量的主要技术要求 …… 26
2.2　水准测量仪器 …… 26
◎水准测量仪器的规定 …… 27
◎DS3微倾式水准仪 …… 27
◎自动安平水准仪 …… 33
◎电子水准仪 …… 33
2.3　水准测量外业和内业工作 …… 34
◎水准测量的外业 …… 34

◎水准测量的检核 …… 36
◎水准测量的内业 …… 38
◎例题分析 …… 38
2.4 水准测量在建筑施工中的应用 …… 40
◎高程 …… 40
◎测设已知高程的点 …… 40
◎抄平测量 …… 41
◎传递测量 …… 42
◎水准测量应注意的事项 …… 42
◎坡度线的测设 …… 43
第3章 角度测量 …… 46
3.1 角度测量原理 …… 46
◎水平角的测量原理 …… 46
◎竖直角的测量原理 …… 46
3.2 经纬仪的使用 …… 47
◎安置经纬仪 …… 47
◎瞄准 …… 49
◎读数 …… 49
3.3 水平角观测 …… 50
◎测回法 …… 50
◎方向观测法 …… 51
◎水平角观测要点 …… 53
3.4 竖直角观测 …… 54
◎竖直角测量原理 …… 54
◎竖盘读数方法 …… 54
◎度盘指标差 …… 54
3.5 经纬仪在建筑施工中的应用 …… 56
◎角度放样 …… 56
◎建筑轴线投测 …… 57
◎倾斜观测 …… 58
第4章 距离测量与直线定向 …… 60
4.1 钢尺量距 …… 60
◎量距工具 …… 60
◎钢尺量距方法 …… 61
◎钢尺的检定 …… 63

◎钢尺的精密量距 …… 64
◎钢尺量距的误差 …… 65
◎钢尺量距的要点 …… 65
◎钢尺的保养 …… 66
◎钢尺在建筑施工中的应用 …… 66
◎例题分析 …… 67
4.2　视距测量 …… 68
◎视距测量公式 …… 68
◎视距测量的观测与计算 …… 70
◎视距测量的误差及注意事项 …… 70
4.3　光电测量 …… 71
◎光电测距原理 …… 71
◎光电测距仪的结构性能 …… 72
◎光电测距仪的操作与使用 …… 73
◎光电测距的注意事项 …… 73
◎光电测距仪的误差 …… 74
4.4　全站仪测量 …… 74
◎全站仪的结构 …… 74
◎操作方法 …… 75
◎全站仪的检验 …… 77
4.5　全球定位系统（GPS）应用 …… 78
◎卫星定位测量控制网的布设 …… 78
◎卫星定位控制点位的选定 …… 79
◎GPS 外业观测 …… 79
◎数据处理 …… 81
第 5 章　测量误差的基本知识 …… 82
5.1　衡量精度的指标 …… 82
◎中误差 …… 82
◎相对误差 …… 82
◎极限误差 …… 83
5.2　误差传播定律 …… 83
◎线性函数 …… 83
◎一般函数 …… 84
◎例题分析 …… 85
第 6 章　建筑施工测量 …… 87

6.1 测设的基本工作 …… 87
◎水平距离测设 …… 87
◎水平角测设 …… 89
◎高程测设 …… 91
6.2 测设点位的基本方法 …… 93
◎直角坐标法 …… 93
◎极坐标法 …… 94
◎角度交会法 …… 95
◎距离交会法 …… 95
◎例题分析 …… 96
6.3 建筑施工场地的控制测量 …… 96
◎建筑场地的平面控制测量 …… 96
◎建筑场地的高程控制测量 …… 100
6.4 民用建筑施工测量 …… 101
◎建筑物定位 …… 101
◎建筑物的放线 …… 102
◎基础工程施工测量 …… 104
◎墙体工程施工测量 …… 106
6.5 高层建筑的施工测量 …… 108
◎高层建筑施工控制测量 …… 109
◎高层建筑基础施工测量 …… 110
◎高层建筑的轴线投测 …… 111
◎高层建筑的高程传递 …… 113
◎滑模施工中的测量工作 …… 114
6.6 工业建筑定位放线测量 …… 115
◎厂房矩形控制网的测设 …… 115
◎厂房柱列轴线与柱基施工测量 …… 116
◎基础施工测量 …… 117
◎厂房构件安装测量机设备安装测量 …… 124
6.7 钢结构工程中的施工测量 …… 128
◎平面控制 …… 128
◎高程控制 …… 128
◎定位轴线检验 …… 128
◎柱间距检查 …… 129
◎单独柱基中心检查 …… 129

◎标高实测…… 129
◎轴线位移校正…… 129
第7章　建筑物的变形测量…… 130
7.1　沉降变形观测点的设置…… 130
◎基坑观测点位的布置…… 130
◎建筑场地观测点位的布置…… 131
◎民用建筑物观测点位的布置…… 131
◎工业建筑物观测点位的布置…… 131
7.2　沉降观测…… 132
◎沉降观测的周期及施测过程…… 132
◎水准测量方法测定建筑物的沉降变形…… 133
◎三角高程测量法测定建筑物的沉降变形…… 135
◎沉降观测应提交的表格…… 136
7.3　倾斜观测…… 136
◎超高建筑物倾斜测量…… 136
◎坝体（水工建筑物）倾斜测量…… 137
◎倾斜观测应提交的表格…… 138
7.4　水平位移观测…… 138
◎视准线法…… 138
◎引张线法…… 139
◎激光准直法…… 140
◎前方交会法…… 142
◎后方交会法…… 144
◎水平位移观测应提交的图表…… 146
7.5　建筑物的挠度和裂缝的观测…… 146
◎建筑物的挠度观测…… 146
◎挠度观测应提交的表格…… 147
◎建筑物的裂缝观测…… 147
◎裂缝观测的要求…… 148
◎裂缝观测应提交的图表…… 148
7.6　日照和风振变形测量…… 148
◎日照变形观测…… 149
◎日照变形观测应提交的图表…… 149
◎风振变形观测…… 149
◎风振观测应提交的图表…… 151

7.7 建筑物变形测量成果整理 …… 151
◎观测资料整理、编制 …… 151
◎观测资料的分析 …… 151
第8章 建筑施工测量管理 …… 152
8.1 技术质量管理 …… 152
◎施工测量放线的基本准则 …… 152
◎施工测量质量控制管理 …… 152
8.2 技术资料管理 …… 155
◎测量技术资料管理原则 …… 155
◎施工测量技术资料的编制 …… 155
8.3 测量安全管理 …… 157
◎施工测量的一般安全要求 …… 157
◎测量人员安全隐患 …… 157
◎建筑工程施工测量安全管理 …… 158
◎建筑测量变形安全管理 …… 158
◎施工测量中质量事故的预防措施 …… 159
◎施工测量中质量事故的处理方法 …… 160
附录 …… 161
附录A 测量常用计算单位及换算 …… 161
附录B 建筑施工测量技术资料样表 …… 163
参考文献 …… 171

第 1 章　建筑施工测量基础知识

1.1　地形图基础知识

地形图是应用测量学的原理和方法，将选定地区的各种地形及地貌特征点进行测定，并按一定比例尺和规定的符号绘制成的平面图形。

本节内容为地形图阅读、地形图比例尺及比例尺精度、地形图的分幅与编号、地物符号、典型地貌的等高线图。

◎地形图阅读

1. 图廓外的有关注记

从地形图图廓外的注记可以了解到地形的基本概况，掌握图幅的范围，并且可以了解与相邻图幅的关系，地形图的坐标系统、等高距、高程系统等。图 1-1 为整幅图中的一部分，从图廓外的注记中可以了解到测图的年、月、成图方法、坐标系统、高程基准、等高距、图式版本、成图比例尺、图名、图号及相邻图幅的名称。

2. 地物阅读

地物阅读的内容主要包括测量控制点、居民地、工业建筑、公路、铁路、管道、管线、水系、境界等。在地形图中地物是用图示符号来表达的。

3. 地貌阅读

图中的地貌主要依据等高线进行阅读，由等高线的特征来判别地面坡度的变化。从图 1-1 中可以看出，西、南两方向是起伏的山地，南面的狮子岭以北是一条山脊，两侧是谷地，西北角小溪的谷源附近有两处冲沟地段；西南角附近有一个地名叫凉风垭的鞍部；东北角是起伏不大的山丘；清溪河沿岸是平坦的地带。从图中的高程注记和等高线注记来看，图内最大高差约为 25m。

4. 植被分布阅读

植被是指地球表面上覆盖的各种植物的总称，在地形图上表示出植物分布、类别特征、面积大小等。如图 1-1，图的西、南方向及东北角山丘上都是树林和灌木，清溪河沿岸是稻田，柑园村东面是旱地、南面是果树林，李家院与柑园村周围都有零星树和竹林。

不同地区的地形图有不同的特点，要在识图实践中熟悉地形图所反映的地形变化规律，从中选择符合工程要求的地形，并为工程的建设服务。

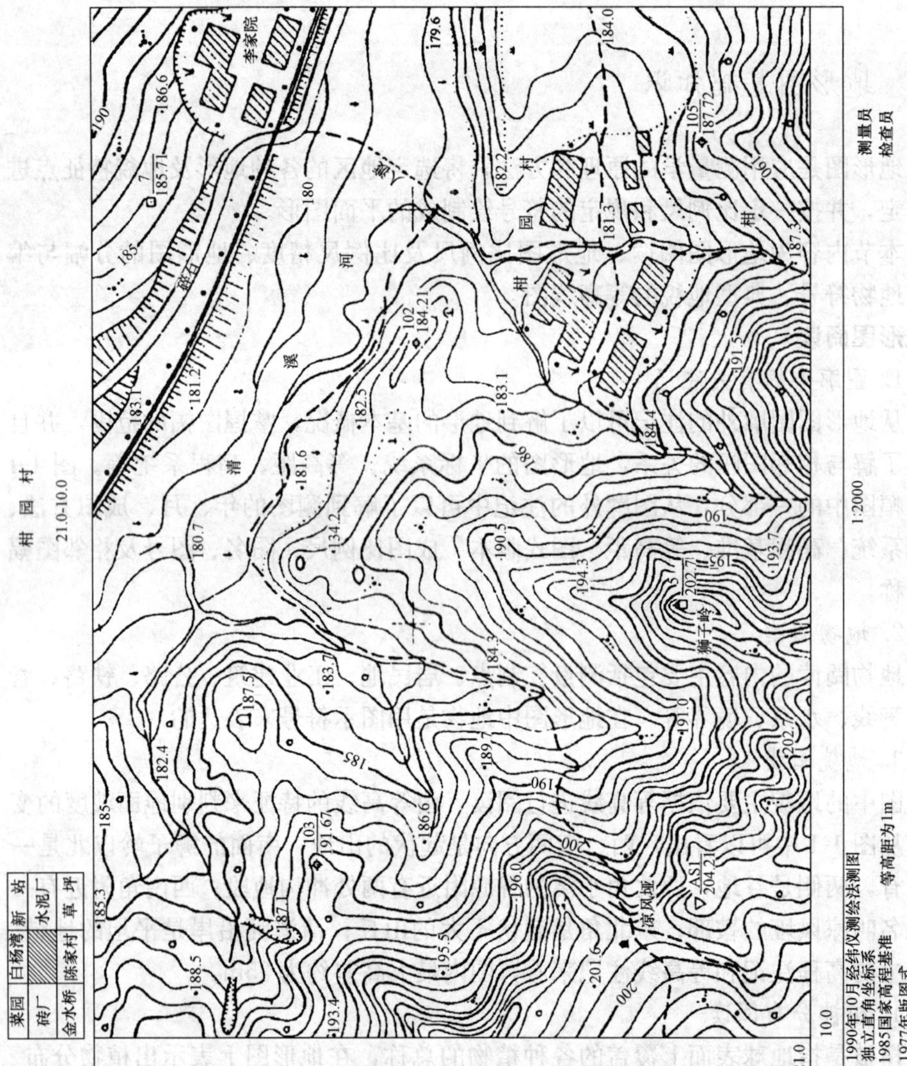
柑园村
21.0-10.0
菜园
白杨湾
新站
砖厂
水泥厂
金水桥
陈家村
草坪
李家院
清溪河
柑园村
狮子岭
凉风垭
1:2000
1990年10月经纬仪测绘法测图
独立直角坐标系
1985国家高程基准
1977年版图式
等高距为1m
测量员
检查员

图 1-1　柑园村地形图

◎地形图比例尺及比例尺精度

1. 地形图比例尺

地形图比例尺是指地形图上任一线段的长度与它所代表的实地水平距离之比。地形图比例尺既决定了地形图图上长度与实地长度的换算关系，又决定了地形图的精度与详细程度。

地形图比例尺可分为数字比例尺和图示比例尺。

数字比例尺用分子为 1、分母为整数的分数表示。设图上一线段长度为 d，相应实地的水平距离为 D，则该地形图的比例尺为

$$\frac{d}{D}=\frac{1}{\frac{D}{d}}=\frac{1}{M} \tag{1-1}$$

式中　M——比例尺分母。

比例尺的大小是以比例尺的比值来衡量的。比例尺分母 M 越小，比例尺越大，表示地物地貌越详尽，数字比例尺通常标注在地形图下方。

常见的图示比例尺为直线比例尺。如图 1-2 所示为 1∶500 的直线比例尺。图中两条平行直线间距为 2mm，以 2cm 为单位分成若干大格，左边第一大格十等分，大小格分界处注以 0，右边其他大格分界处标记实际长度。图示比例尺绘制在地形图下方，这样可以减少图纸伸缩对用图的影响。

在使用图示比例尺时，先用分规在图上量取某线段的长度，再用分规的右针尖对准右边的某个整分划，使分规的左针尖落在最左边的基本单位内。读取整分划的读数再加上左边 1/10 分划对应的读数，即为该直线的实地水平距离，如图 1-2 中的两个示例。

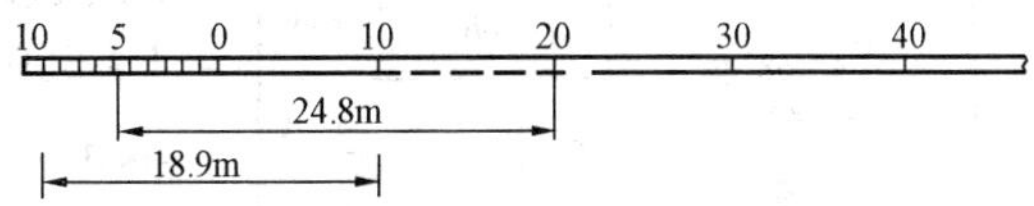

图 1-2　图示比例尺

建筑类各专业通常使用大比例尺地形图，比例尺为 1∶500，1∶1000，1∶2000，1∶5000 或 1∶100 000。

2. 比例尺精度

通常人眼能分辨的最小距离为 0.1mm。比例尺精度是指地形图上 0.1mm 的长度所代表的实地水平距离，用 ε 表示，即

$$\varepsilon=0.1M \tag{1-2}$$

根据比例尺精度可确定测图时量距的精度。若规定了地物图上要表示的最短长度，应根据比例尺精度，可确定测图比例尺。

◎地形图的分幅与编号

各种比例尺的地形图都应进行统一的分幅与编号，以利于进行测绘、管理和使用。地形图的分幅方法分为两大类，即按经纬线分幅的梯形分幅法和按坐标格

网分幅的矩形分幅法。

梯形分幅法适用于中、小比例尺的地形图，例如 1∶100 万比例尺的图，一幅图的大小为经差 6°，纬差 4°，编号采用横行号与纵行号组成。图幅大小见表 1-1。

表 1-1　　大比例尺图的图幅大小

比例尺	图幅大小（cm×cm）	实地面积（km^2）	每平方公里的幅数
1∶5000	40×40	4	1/4
1∶2000	50×50	1	1
1∶1000	50×50	0.25	4
1∶500	50×50	0.062 5	16

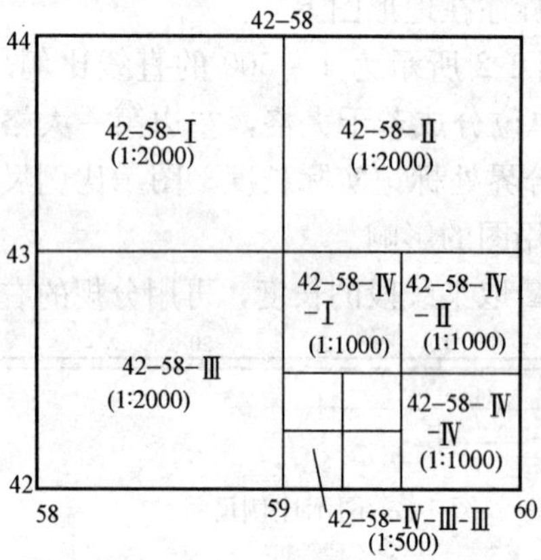

图 1-3　大比例尺地形图矩形分幅

大比例尺地形图矩形分幅主要有四种编号方法。

1. 图幅西南角坐标公里数编号法

如图 1-3 所示 1∶5000 图幅西南角的坐标 x=42.0km，y=58.0km，所以，该图幅编号为“42-58”。编号时，对于 1∶5000取至 1km,对于 1∶1000、1∶2000 取至 0.1km，对于 1∶500 取至 0.01km。

2. 以 1∶5000 编号为基础并加罗马数字的编号法

如图 1-3 所示，以 1∶5000 地形图西南坐标公里数为基础图号，后面再加罗马数字Ⅰ、Ⅱ、Ⅲ、Ⅳ组成。一幅 1∶5000 地形图可分成 4 幅 1∶2000 地形图，其编号分别为 42-58-Ⅰ、42-58-Ⅱ、42-58-Ⅲ及 42-58-Ⅳ。一幅 1∶2000 地形图又分成 4 幅 1∶1000 地形图，其编号为 1∶2000 图幅编号后再加罗马数字Ⅰ、Ⅱ、Ⅲ、Ⅳ。1∶500 地形图编号按同样方法编号。注意罗马数字Ⅰ、Ⅱ、Ⅲ、Ⅳ排列均是先左后右，不是顺时针排列。

3. 数字顺序编号法

带状测区或小面积测区，可按测区统一按顺序进行标号，一般从左到右，而后从上到下用数字 1，2，3，4，…编定，如图 1-4 所示，其中“乌镇-14”为测区新镇的第 14 幅图编号。

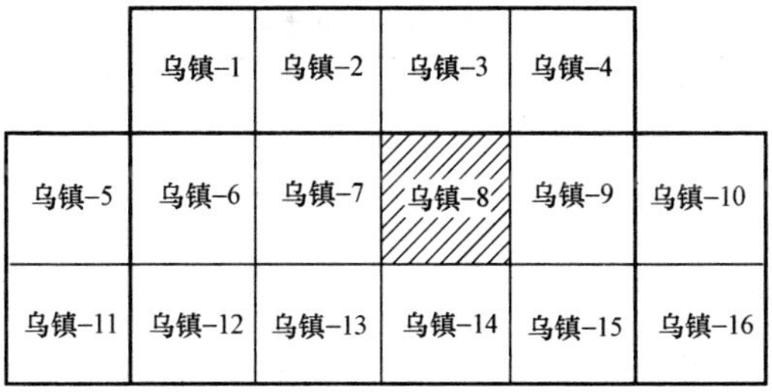

图 1-4　数字顺序编号法

4. 行列编号法

行列编号法的横行是指以 A，B，C，D，…编排，由上到下排列；纵列以数字 1，2，3，…从左到右排列。编号是“行号—列号”，如图 1-5 所示，“C-4”为其中 3 行 4 列的一幅图幅编号。

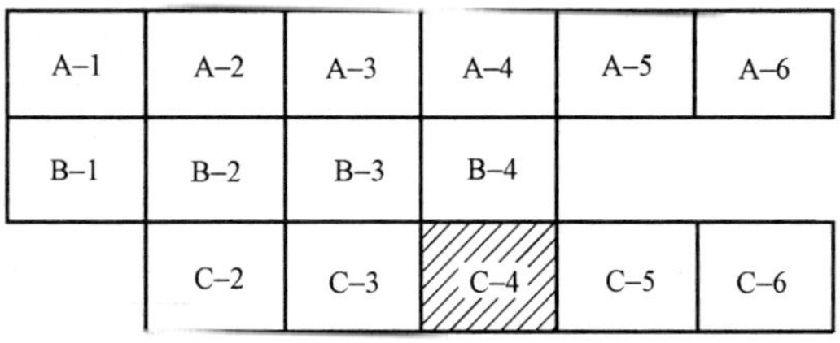

图 1-5　行列编号法

◎地物符号

地形是地物和地貌的总称。地物是地面上天然或人工形成的物体，如湖泊、河流、房屋、道路、桥梁等。

地面上的地物与地貌应按国家测绘总局颁发的《地形图图式》中规定的符号表示在图形中。图式中的符号分为三种，即地物符号、地貌符号和注记符号。其中地物符号包括四种，即比例符号、非比例符号、半比例符号和地物注记等。

1. 比例符号

比例符号指地面上的建筑物、旱田等地物按测图比例尺并用规定的符号缩绘在图纸上。

2. 非比例符号

非比例符号指有些地物，如导线点、消火栓等，无法按比例尺缩绘，只能用特定的符号表示其中心位置。

3. 半比例符号

半比例符号是指一些线状延伸的地物，如电力线、通信线等，其长度能按比例尺缩绘，但宽度不能按比例表示的符号。表 1-2 为地形图图式中的一些常用符号。

表 1-2　　常用地物、地貌和注记符号

编号	符号名称	1∶500　1∶1000　1∶2000
1	单幢房屋 a. 一般房屋 b. 有地下室的房屋 c. 突出房屋 d. 简易房屋	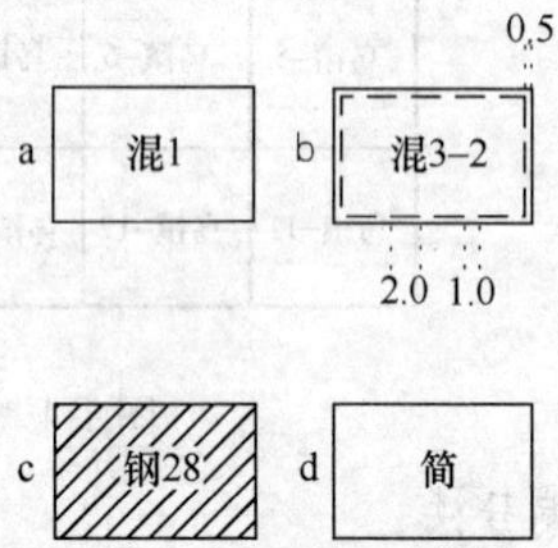
2	建筑中的房屋	
3	破坏房屋	
4	棚房 a. 四边有墙的 b. 一边有墙的 c. 无墙的	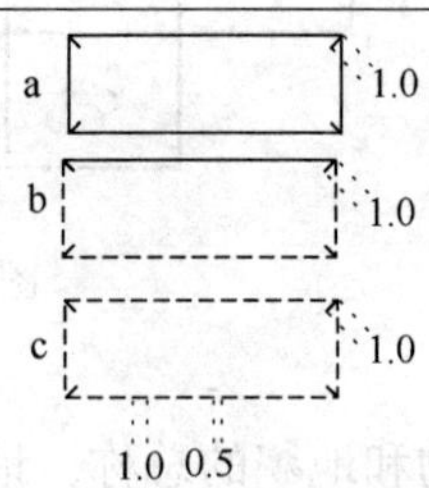
5	架空房 3、4——楼层 /1、/2——空层层数	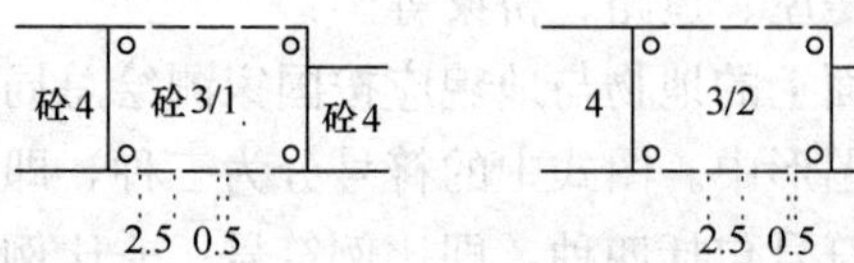
6	廊房 a. 廊房 b. 飘楼	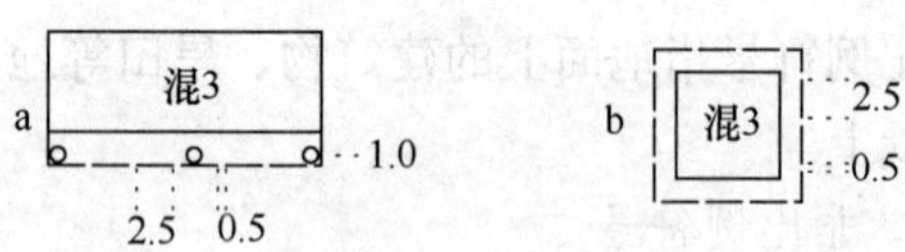
7	柱廊 a. 无墙壁的 b. 一边有墙壁的	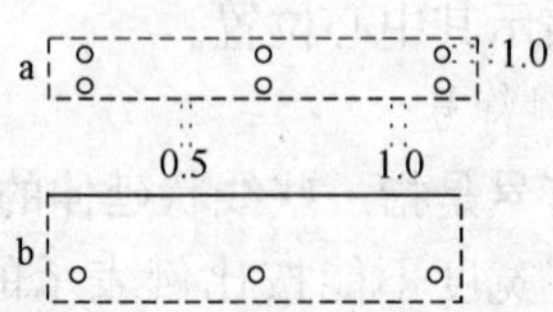

续表

编号	符 号 名 称	1∶500　1∶1000　1∶2000
8	檐廊	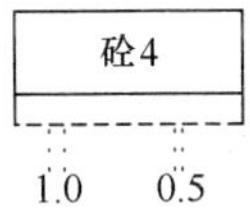
9	挑廊	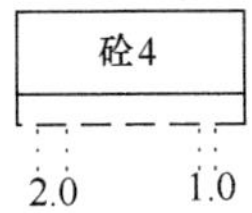
10	悬空通廊	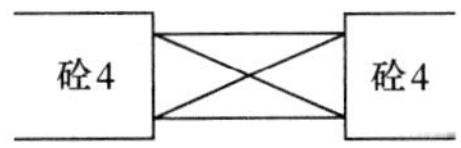
11	建筑物下的通道	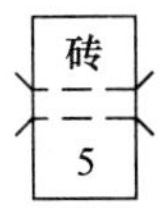
12	台阶	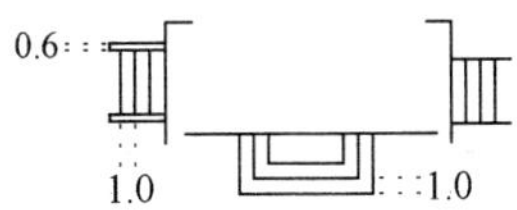
13	门墩 a. 依比例尺的 b. 不依比例尺的	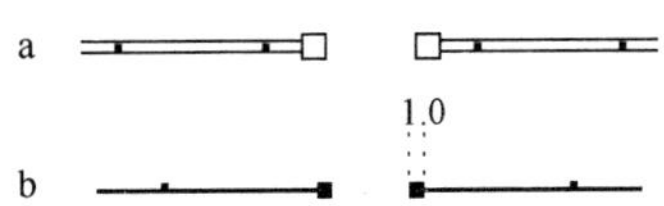
14	上城墙 a. 城门 b. 豁口 c. 损坏的	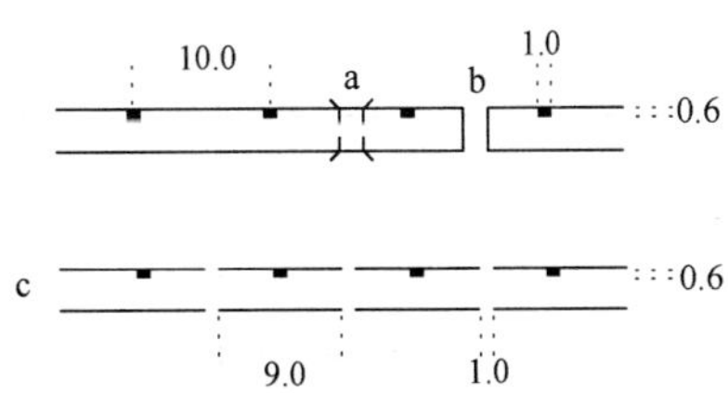

续表

编号	符 号 名 称	1∶500 1∶1000 1∶2000
15	围墙 a. 依比例尺的 b. 不依比例尺的	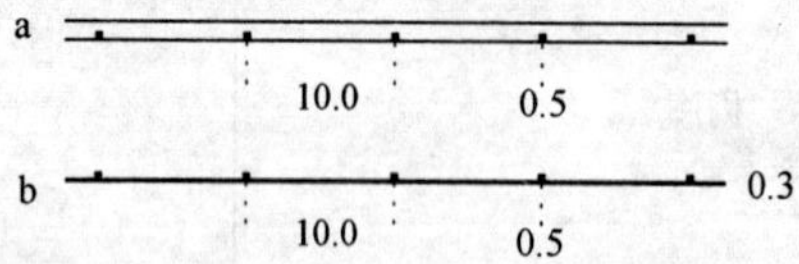
16	栅栏、栏杆	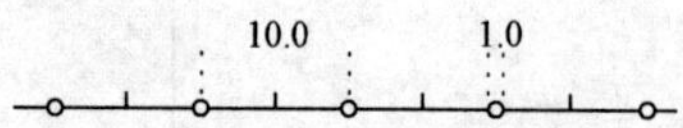
17	篱笆	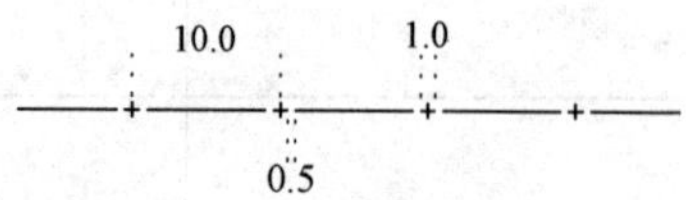
18	活树篱笆	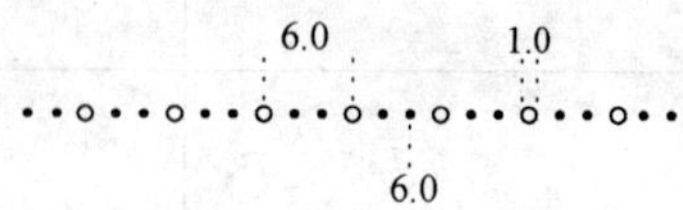
19	路灯	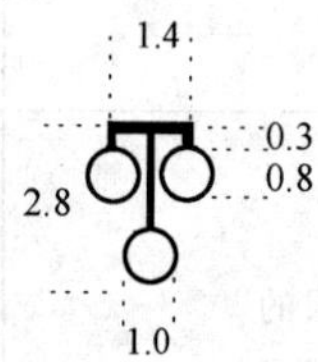
20	避雷针	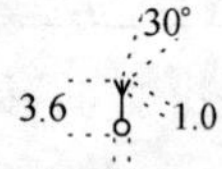
21	旱地	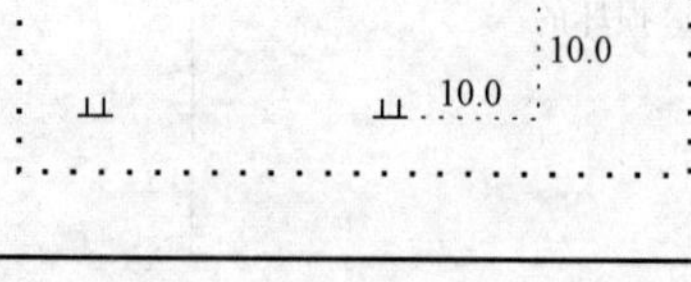

续表

编号	符 号 名 称	1∶500　1∶1000　1∶2000
22	菜地	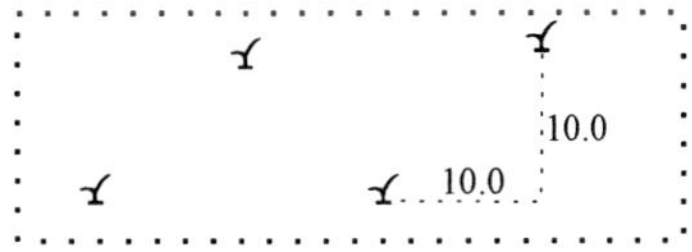
23	幼林、苗圃	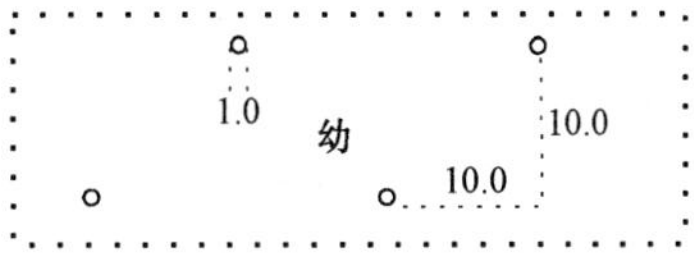
24	果园	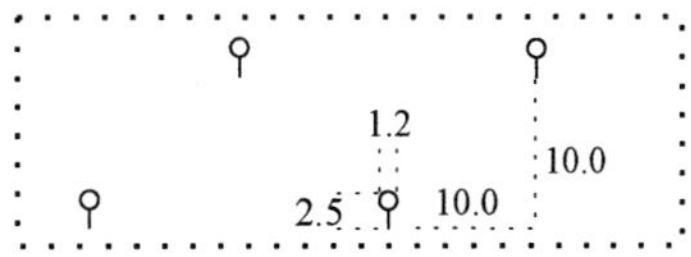
25	成林	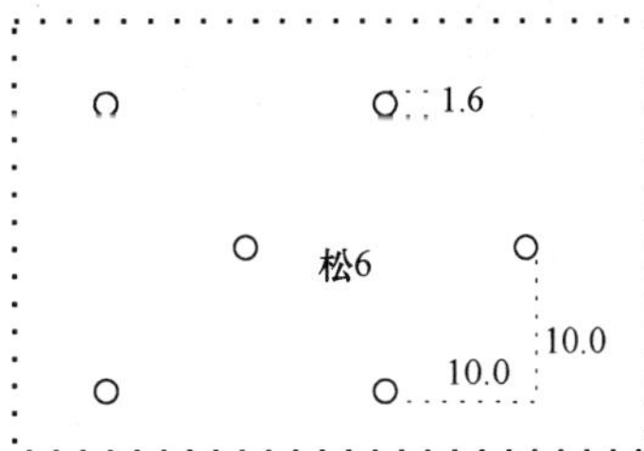
26	稻田 a. 田梗	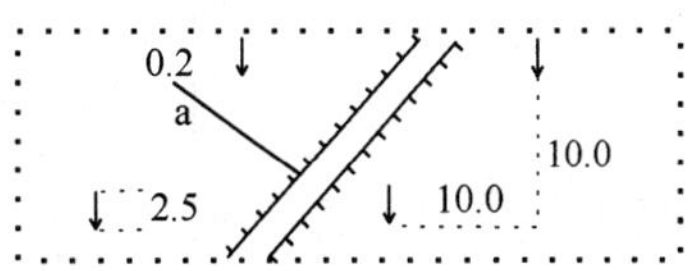

续表

编号	符号名称	1∶500 1∶1000 1∶2000
27	灌木林 a. 大面积的 b. 独立灌木丛 c. 狭长灌木林	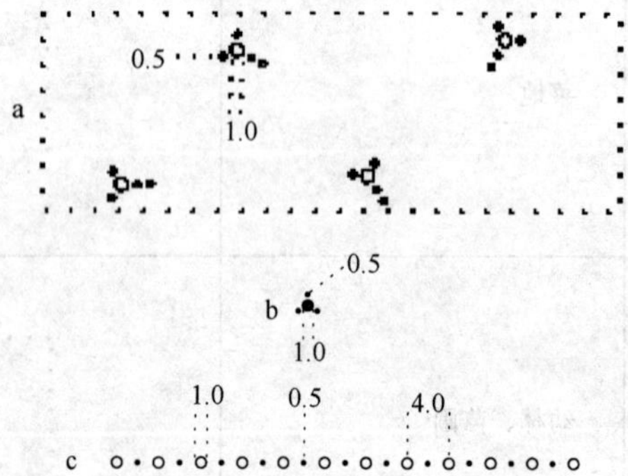
28	草地 a. 天然草地 b. 改良草地 c. 人工牧草地 d. 人工绿地	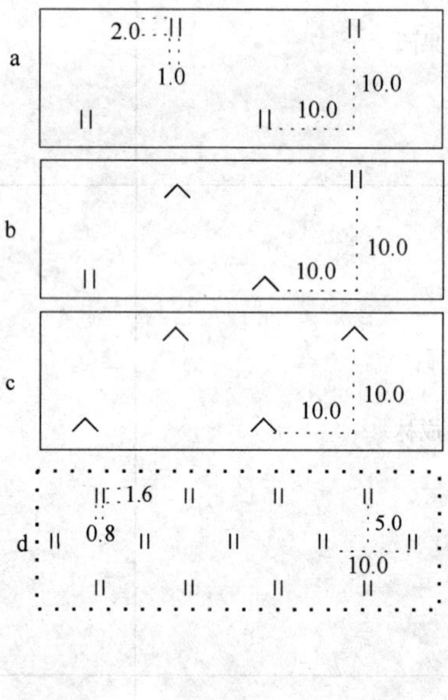
29	半荒草地	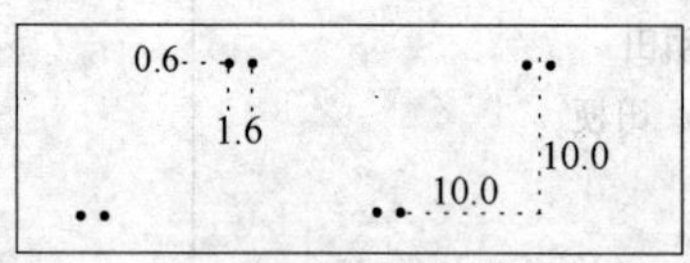

续表

编号	符 号 名 称	1∶500　1∶1000　1∶2000
30	龟裂地	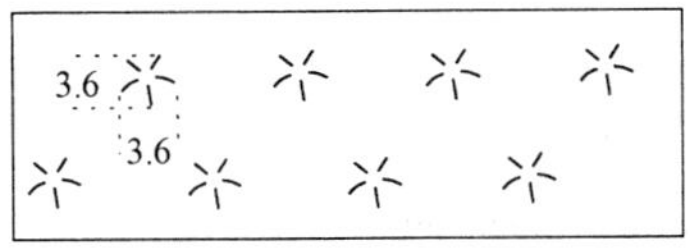
31	街道 a. 主干路 b. 次干路 c. 支路	
32	电车轨道 a. 电杆杆位	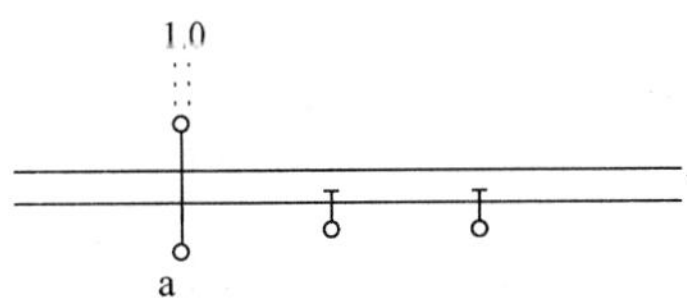
33	快速路	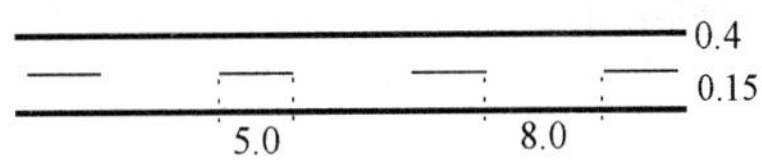
34	高架路 a. 高架快速路 b. 高架路 c. 引道	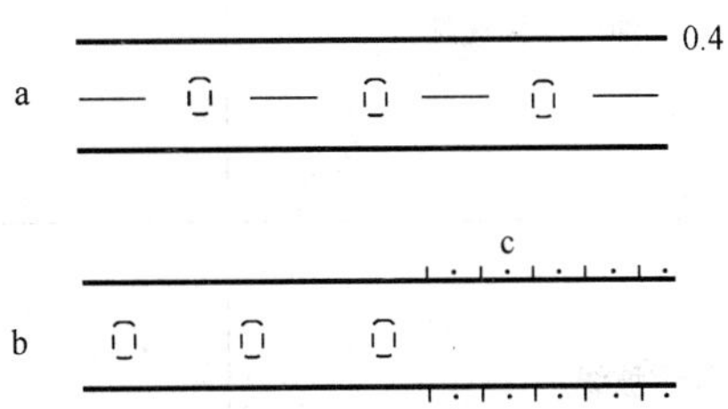

续表

编号	符号名称	1∶500　1∶1000　1∶2000
35	乡村路 a. 依比例尺的 b. 不依比例尺的	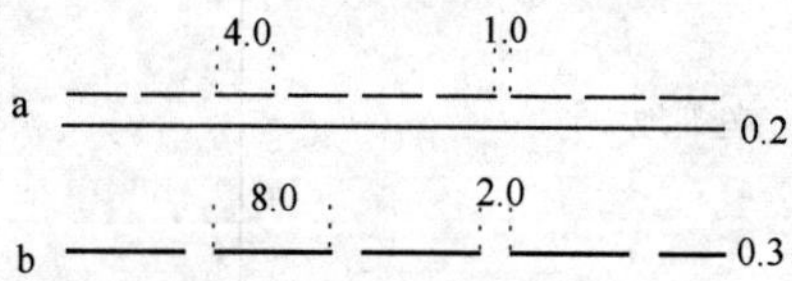
36	阶梯路	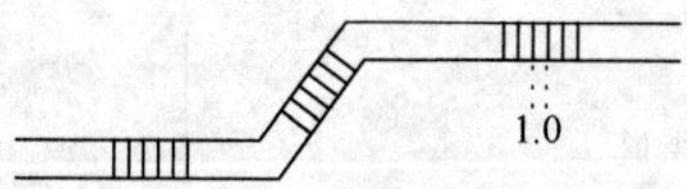
37	小路、栈道	
38	停车场	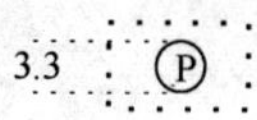
39	汽车停车站	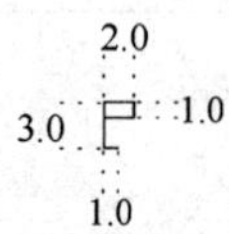
40	加油站、加气站	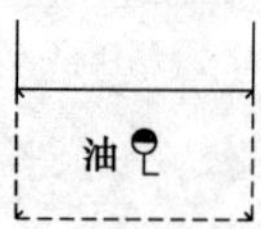
41	示坡线	

续表

编号	符 号 名 称	1∶500　1∶1000　1∶2000
42	高程点及其注记 1520.3、－15.3——高程	0.5 · 1520.3　　· −15.3
43	比高点及其注记 6.3、20.1、3.5——比高	
44	假石山	
45	喷水池	

4. 地物注记

地物注记是指对地物用文字或数字加以注记和说明，如建筑物的结构和层数、桥梁的长宽与载重量、地名、路名等。

测定地物特征点后，应立即勾绘地物符号，如建筑物的轮廓用线段连接，道路、河流的弯曲部分需逐点连成光滑的曲线；消火栓、水井等地物可在图上标定其中心位置，待整饰时再绘规定的非比例符号。

◎典型地貌的等高线图

地貌虽然千姿百态，变化多端，但归纳起来不外乎山头、洼地、山脊、山谷、鞍部等典型地貌，如图 1-6 所示。

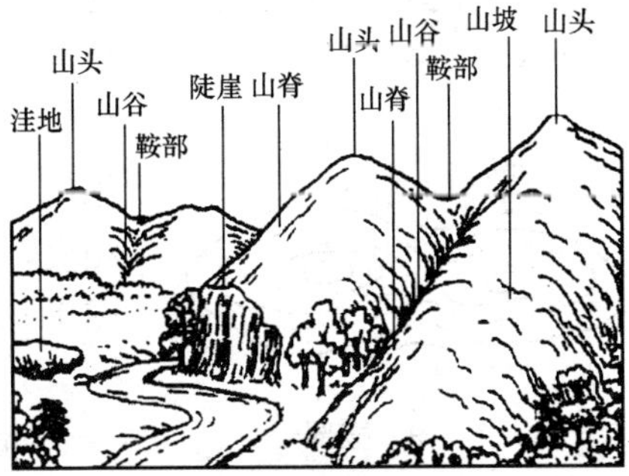

图 1-6　各种典型地貌

1. 山头和洼地

从图 1-7 可知，山头和洼地（凹地）的等高线都是一组闭合的曲线，内圈等高线高程较外围高者为山头，反之为洼地，也可加绘示坡线（图中垂直于等高线的短线），示坡线的方向指向低处，一般绘于山头最高、洼地最低的等高线上。

2. 山脊和山谷

如图 1-8 所示，沿着一个方向延伸的高地称为山脊，山脊的最高棱线称为山脊线或分水线。山脊的等高线是一组凸向低处的曲线，两山脊之间的凹地为山谷，山谷最低点的连线称为山谷线或集水线。山谷的等高线是一组凸向高处的曲线。地表水由山脊线向两坡分流，或由两坡汇集于谷底沿山谷线流出。山脊线和山谷线统称为地性线，地性线对于阅读和使用地形图有着重要的意义。

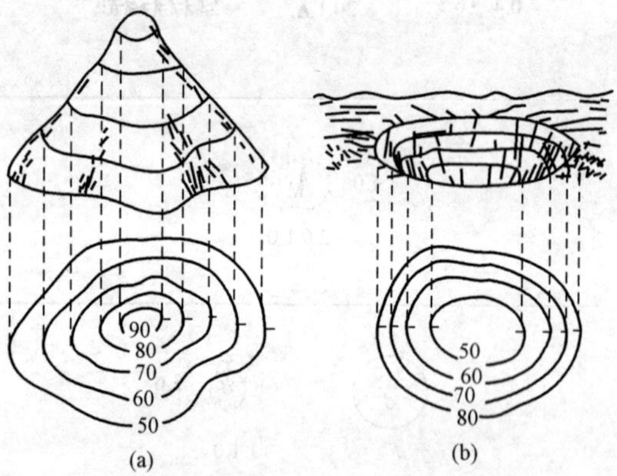

图 1-7 山头和洼地等高线

(a) 山头；(b) 洼地

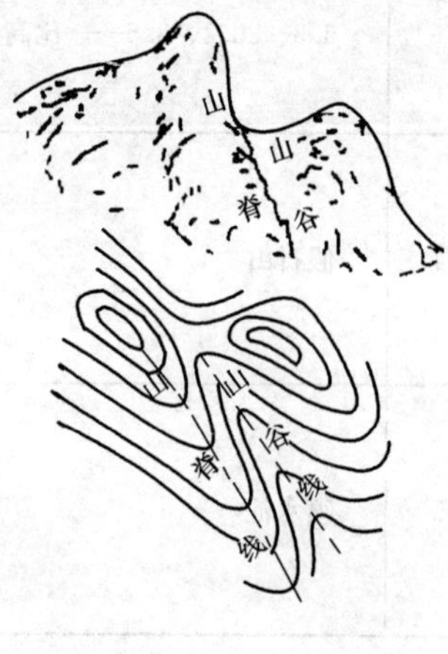

图 1-8 山脊与山谷

3. 鞍部

山脊上相邻两山顶之间形如马鞍状的低凹部位为鞍部，其等高线一般由两组山头和两组山谷的等高线组成，如图 1-9 所示。

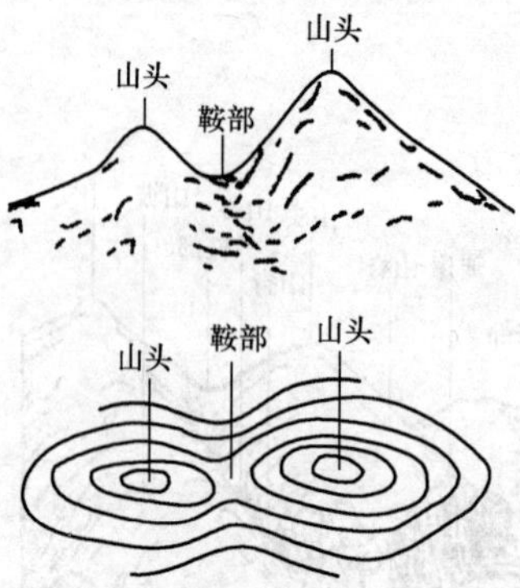

图 1-9 鞍部

4. 陡崖和悬崖

陡崖（峭壁、绝壁）是指近似于垂直的山坡，悬崖是指上部凸出，下部凹进的陡崖。陡崖等高线密集，一般用符号代替，例如，图 1-10（a）表示土质陡崖，图 1-10（b）表示石质陡崖。悬崖上部等高线投影到水平面时，与下部等高线相交，俯视看隐蔽的部分等高线用虚线表示，如图 1-10（c）所示。

5. 冲沟

冲沟是指地面长期被雨水急流冲蚀，逐渐深化而形成的大小沟堑。若沟底较宽，沟内应绘等高线（图 1-11）。

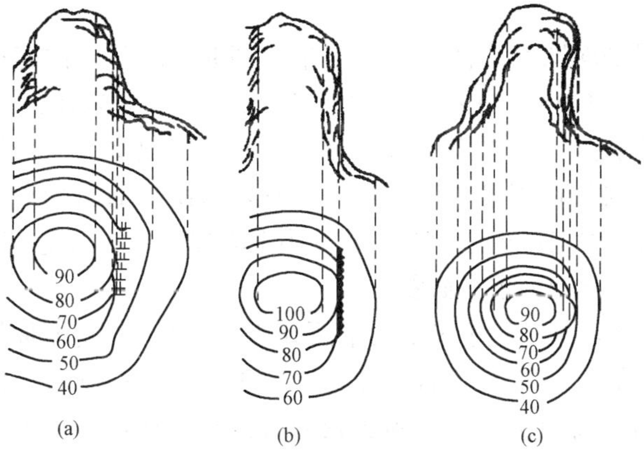

图 1-10　陡崖与悬崖

图 1-11　冲沟

1.2　建筑图基础知识

建筑施工图为表达建筑的平面形状、内部布置、外部造型、构造做法、装修做法的图样，一般包括施工图首页、平面图、立面图、剖面图和详图。

◎施工图首页

首页图在中小工程中通常由两部分内容组成：图纸目录、对该工程所作的设计与施工说明。首页图应放在全套施工图的首页装订，其中图纸目录起到组织编排图纸的作用，从图纸目录可看到该工程是由哪些专业图组成，以及每张图纸的图别编号和页数，以便查阅。从首页图中的设计说明可看到工程的性质、设计的根据和对施工提出的总要求。

◎建筑平面图

1. 定义

建筑平面图，简称平面图，是假想用一水平的剖切平面，沿着房屋门窗口的位置，将房屋剖开，拿掉上部分，对剖切平面以下部分所作的水平投影图。

2. 数量

一般来说，房屋有几层，就应画出几个平面图，并且在图的下面注明相应的图名，如底层平面图、二层平面图等。若上下各楼层的房间数量、大小和布置都一样时，则相同的楼层可用一个平面图表示，称为标准层平面图或××～××层平面图。如果建筑平面图左右对称时，也可将两层平面图画在同一个平面图上，左边画出一层的平面图，右边画出另一层的平面图，中间画一对称符号作分界线，并在图的下边分别注明图名。

3. 内容

楼房的平面图是由多层平面图组成的，在绘制平面图时，除基本内容相同外，房屋中的个别构配件应该画在哪一层平面图上是有分工的。具体来说，底层平面图除表示该层的内部形状外，还画有室外的台阶、花池、散水（或明沟）、雨水管和指北针，以及剖面的剖切符号，如 1-1、2-2 等，以便与剖面图对照查阅。房屋中间层平面图除表示本层室内形状外，需要画上本层室外的雨篷、阳台等。房屋顶面的水平投影图，称为屋顶平面图。

平面图上的线型粗细分明，凡是被水平剖切平面剖切到的墙、柱等断面轮廓线用粗实线画出，而粉刷层在 1∶100 的平面图中是不画的。在 1∶50 或比例更大的平面图中粉刷层则用细实线画出。没有剖切到的可见轮廓线，如窗台、台阶、明沟等用中实线画出。表示剖面位置的剖切位置线及剖视方向线，均用粗实线绘制。

底层平面图中，可以只在墙角或外墙的局部分段画出散水（或明沟）的位置。

由于平面图一般采用 1∶100、1∶200 和 1∶50 的比例绘制，所以门、窗和设备等均采用“国标”规定的图例表示。因此在阅读平面图时，必须熟记建筑图例。常用建筑制图图例见表 1-3。

表 1-3　　构造及配件图例

序号	名　称	图　例	说　明
1	楼梯	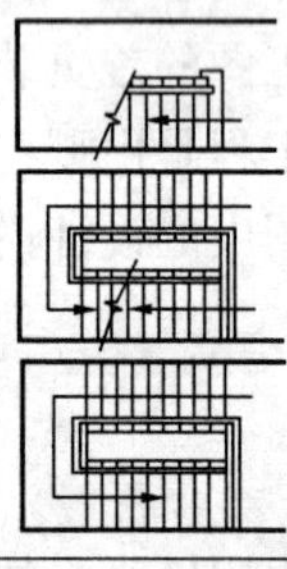	(1) 上图为底层楼梯平面，中图为中层楼梯平面，下图为顶层楼梯平面 (2) 楼梯的形式及步数应按实际情况绘制
2	检查孔		左图为可见检查孔 右图为不可见检查孔
3	墙预留洞	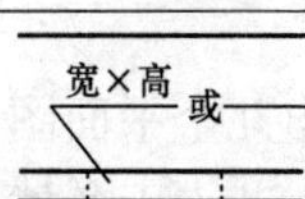	—
4	烟道	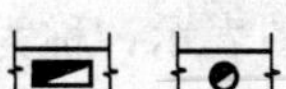	—
5	通风道	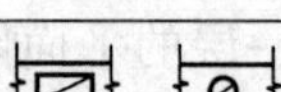	—

续表

序号	名　称	图　例	说　明
6	空门洞	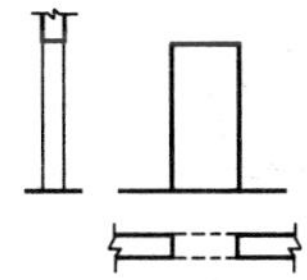	—
7	单扇门（包括平开或单面弹簧）	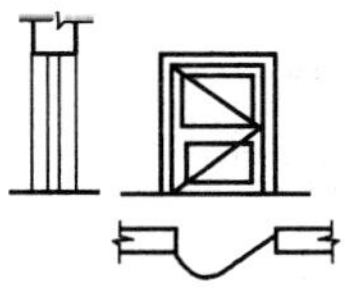	（1）门的名称代号用 M 表示 （2）剖面图上左为外、右为内，平面图上下为外、上为内 （3）立面图上开启方向线交角的一侧为安装合页的一侧，实线为外开，虚线为内开 （4）平面图上的开启弧线及立面图上的开启方向线，在一般设计图上不需表示，仅在制作图上表示 （5）立面形式应按实际情况绘制
8	双扇门（包括平开或单面弹簧）	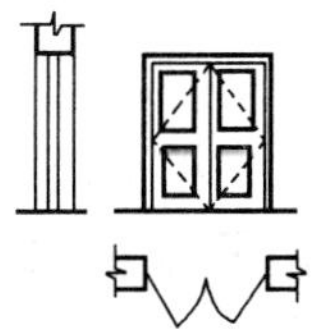	
9	双扇双面弹簧门	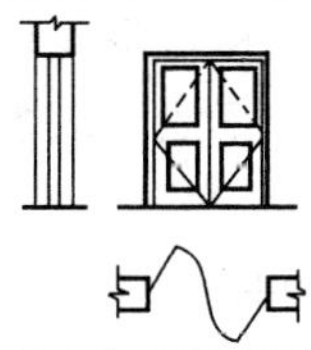	同序号 7
10	转门		同序号 7 中的（1）、（2）、（4）、（5）
11	卷门	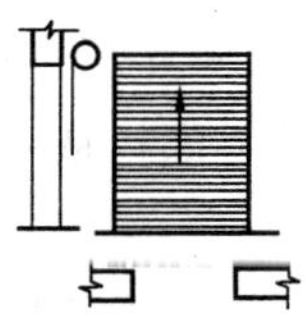	同序号 7 中的（1）、（2）、（5）
12	单层外开上悬窗	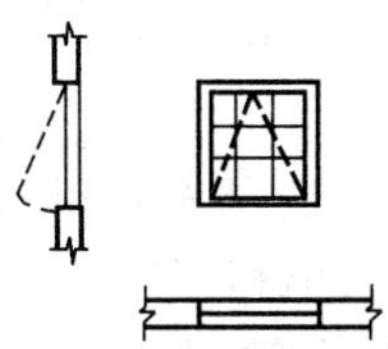	（1）窗的名称代号用 C 表示 （2）立面图中的斜线表示窗的开关方向，实线为外开，虚线为内开；开启方向线交角的一侧为安装合页的一侧，一般设计图中可不表示 （3）剖面图上左为外、右为内，平面图上下为外，上为内 （4）平、剖面图上的虚线仅说明开关方式，在设计图中不需表示 （5）窗的立面形式应按实际情况绘制

续表

序号	名　称	图　例	说　明
13	单层外开平开窗	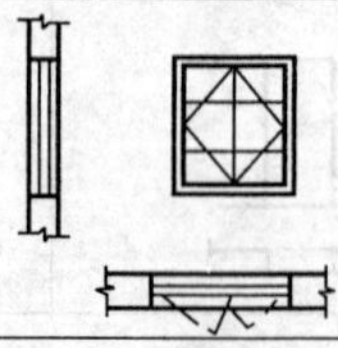	同序号 12
14	单层内开平开窗	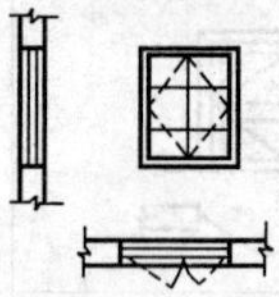	同序号 12

4. 阅读方法

（1）看图名、比例，了解该图是哪一层平面图，绘图比例是多少。

（2）看底层平面图上画的指北针，了解房屋的朝向。

（3）看房屋平面外形和内部墙的分隔情况，了解房屋平面形状和房间分布、用途、数量及相互间联系，如入口、走廊、楼梯和房间的位置等。

（4）在底层平面图上看室外台阶、花池、散水（或明沟）及雨水管的大小和位置。

（5）看图中定位轴线的编号及其间距尺寸，并从中了解各承重墙（或柱）的位置及房间大小，以便于施工时定位放线和查阅图纸。

（6）看平面图的各部尺寸。平面图中的尺寸分为外部尺寸和内部尺寸。从各道尺寸的标注，可知各房间的开间、进深、门窗及室内设备的大小位置。

一般在建筑平面图上的尺寸（详图例外）均为未装修的结构表面尺寸（如墙厚、门窗口尺寸等）。现将平面图的尺寸标注形式介绍如下：

1）外部尺寸。一般在图形下方及左侧注写三道尺寸：

第一道尺寸，表示外轮廓的总尺寸，即指从一端外墙边到另一端外墙边的总长和总宽尺寸。

第二道尺寸，表示轴线间的距离，用以说明房间的开间和进深大小的尺寸。

第三道尺寸，表示门窗洞口、窗间墙及柱等的尺寸。

若房屋前后或左右不对称时，则平面图上四周都应分别标注三道尺寸，相同的部分不必重复标注。

另外，台阶、花池及散水（或明沟）等细部的尺寸，可单独标注。

2）内部尺寸。为了表明房间的大小和室内的门窗洞、孔洞、墙厚和固定设备（例如厕所、盥洗室、工作台、搁板等）的大小与位置，应在平面图上清楚地注写出有关内部尺寸。

(7) 看地面标高。在平面图上清楚地标注着地面标高。楼地面标高是表明各层楼地面对标高零点（即正负零）的相对高度。一般平面图分别标注以下标高：室内地面标高、室外地面标高、室外台阶标高、卫生间地面标高、楼梯平台标高等。

(8) 看门窗的分布及其编号，了解门窗的位置、类型及数量。图中窗的名称代号用C表示。门的名称代号用M表示。由于一幢房屋的门窗较多，其规格大小和材料组成又各不相同，所以对各种不同的门窗除用各自的代号表示外，还需分别在代号后面写上编号如M—1、M—2和C—1、C—2等。同一编号表示同一类型的门或窗，它们的构造尺寸和材料都一样，从所写的编号可知门窗共有多少种。一般情况下，在首页图上或在本平面图内，附有一个门窗表，列出门窗的编号、名称、尺寸、数量及其所选标准图集的编号等内容。至于门窗的详细构造，则要看其构造详图。

(9) 在底层平面图上看剖面的剖切符号，了解剖切部位及编号，以便与有关剖面图对照阅读。

(10) 查看平面图中的索引符号，当某些构造细部或构件，需另画比例较大的详图或引用有关标准图时，则须标注出索引符号，以便与有关详图符号对照查阅。

◎建筑立面图

1. 定义

建筑立面图简称立面图，是平行于建筑物各方向外表立面的正投影图。

立面图就是用来表示建筑物的体型和外貌，并表明外墙面装饰要求等的图样。

2. 命名与数量

房屋有多个立面。立面图的名称通常有下列三种叫法：按立面的主次来命名，把房屋的主要出入口或反映房屋外貌主要特征的立面图称为正立面图，而把其他立面图分别称之为背立面图、左侧立面图和右侧立面图等；按着房屋的朝向来命名时，又可把房屋的各个立面图分别称为南立面图、北立面图、东立面图和西立面图等。

3. 阅读方法

(1) 看图名和比例，了解是房屋哪一立面的投影，绘图比例是多少，以便与平面图对照阅读。

(2) 看房屋立面的外形以及门窗、屋檐、台阶、阳台等形状及位置。

(3) 看立面图中的标高尺寸，通常立面图中注有室外地坪、出入口地面、勒脚、窗口、大门口及檐口等处标高。

(4) 看房屋外墙表面装修的做法和分格形式等，通常用指引线和文字来说明粉刷材料的类型、配合比和颜色等。

(5) 查看图上的索引符号，有时在图上用索引符号表明局部剖面的位置。

◎建筑剖面图

1. 定义

建筑剖面图简称剖面图，是用一假想的竖直剖切平面，垂直于外墙，将房屋剖开，移去剖切平面与观察者之间的部分，作出剩下部分的正投影图。剖面图用以表示房屋内部的楼层分层、垂直方向的高度、简要的结构形式和构造及材料等情况。

2. 剖面的剖切位置与剖面图的数量

用剖面图表示房屋，一般是将房屋横向剖开，必要时也可纵向将房屋剖开。剖切面选择在能显露出房屋内部结构和构造比较复杂、有变化、有代表性的部位，并应通过门窗洞口的位置。如果为多层房屋应选择在楼梯间和主要入口。

在剖面图上一般不画基础，剖面图中断面上的材料图例和图中线型的画法均与平面图相同。

3. 阅读方法

(1) 看图名、轴线编号和绘图比例。与底层平面图对照，确定剖切平面的位置及投影方向，从中了解它所画出的是房屋的哪一部分的投影。

(2) 看房屋内部构造和结构形式。如各层梁板、楼梯、屋面的结构形式、位置及其与墙（柱）的相互关系等。

(3) 看房屋各部位的高度。如房屋总高、室外地坪、门窗顶、窗台等处标高，室内底层地面、各层楼面及楼梯平台面标高等。

(4) 看楼地面、屋面的构造。在剖面图中表示楼地面、屋面的构造时，通常用一引出线指引出需说明的部位，并按其构造层次顺序列出材料等说明。

(5) 看图中有关部位坡度的标注。如屋面、散水、排水沟与坡道等处，需要作成斜面时，都标有坡度符号，如2%等。

(6) 查看图中的索引符号，在剖面图不能表示清楚的地方，一般注有详图索引，说明另有详图表示。

◎详图

1. 建筑详图的形成、内容和用途

建筑详图简称详图，是指建筑图中对房屋的细部或者构配件用较大的比例将其形状、大小、材料和做法，按正投影图的画法详细地表达出来的图。详图实质上是一种局部放大图，详图的数量及图示内容应根据房屋构造复杂程度来确定：有时只用一个剖面详图就能表达清楚（例如墙身节点）；有时还要加上立面详图（如门、窗）；有时还需加上轴测图来补充说明；如果有需要还需在详图中补充比例更大的详图。

详图的特点是比例大，表达详尽清楚，尺寸齐全，并能将图示处的局部构造、材料、做法、大小等，能详细、完整、合理地表达出来。

建筑详图的主要内容包括详图符号、详图的编号及详图索引符号等。详图编号应当与详图索引符号的编号相对应，用详图符号表示。详图符号应当以直径为14mm的粗实线圆及圆内的编号来表示；详图如果与被索引的图样同在一张图纸内时，应在详图符号内用阿拉伯数字注明详图的编号。如果详图与被索引的图样不在同一张图纸内，应当用细实线在详图符号内画一水平直径，在上半圆中注明详图编号，在下半圆中注明被索引的图纸的编号。但是当下半圆中用“—”时，表明详图与被索引的图样同在一张图纸内。绘制建筑详图时应注明详图符号，且与被索引的图样的索引符号相对应。

2. 墙身详图

墙身详图实际是在建筑剖面图上从上至下连续放大的节点详图。一般多取建筑物的外墙部位，以便于完整、清楚地表达房屋的屋面、楼层、地面和檐口构造，楼板与墙面的连接、门窗顶、窗台和勒脚、散水等处构造的情况，所以墙身详图实际上是建筑剖面图的局部放大图。

多层房屋中，如果各层的构造情况一样时，可以只画底层、顶层、中间层来表示。往往在窗洞中间处用折断线断开，通过剖面图直接索引出。有时也可不画整个墙身的详图，而是把各个节点详图分别单独绘制，这时的各个节点详图应当按顺序依次排在同一张图上，以便读图。

3. 楼梯详图

楼梯是楼层垂直交通的必要设施。通常由梯段、平台和栏杆（或栏板）扶手组成。常见的楼梯平面形式有三种：即单跑楼梯（上下两层之间只有一个梯段）、双跑楼梯（上下两层之间有两个梯段、一个中间平台）和三跑楼梯（上下两层之间有三个梯段、两个中间平台）。

楼梯间详图包括有楼梯间平面图、剖面图、踏步栏杆等详图。主要反映了楼梯的类型、结构型式、构造和装修等。楼梯间详图应当尽量安排在同一张图纸上，以便阅读。

1.3　测量误差基础知识

测量工作通常会受测量条件的影响，一般情况下，把测量仪器、观测者的技术和外界环境三个方面综合起来称为观测条件。观测条件的不理想和不断变化是产生测量误差的根本原因。

按测量误差对观测结果影响性质的不同，可将测量误差分为系统误差和偶然误差两类。

◎观测条件

1. 测量仪器

测量工作是通过仪器进行的，而任何一种仪器都具有制造工艺上的局限性，虽然仪器通过了检验和校正，但都会有一些剩余误差，所以会使观测结果的精度受到一定的限制。不同类型的仪器具有不同精度，使用不同精度的仪器引起的误差大小也不相同。

2. 观测者

由于观测者的视觉、听觉等感官的鉴别能力有一定的局限，所以在仪器的使用中会产生误差，如对中误差、整平误差、照准误差、读数误差等。

3. 外界环境

外界环境主要是指观测环境中气温、气压、空气湿度和清晰度、风力以及大气折光等因素的不断变化，致使测量结果中带有误差。

◎系统误差

系统误差是指在相同的观测条件下，对某量进行一系列观测，如误差出现的符号和大小均相同或按一定的规律变化等。产生系统误差的主要原因是测量仪器和工具的构造不完善或校正不完全正确。

系统误差具有积累性，对测量结果的影响很大，但它们的符号和大小有一定的规律，有的误差可以用计算改正的方法加以消除，如尺长误差和温度对尺长的影响。

◎偶然误差

偶然误差，又称随机误差，是指在相同的观测条件下，对某量进行了 n 次观测，则误差出现的大小和符号均不一定。如用经纬仪测角时的照准误差，钢尺量距时的读数误差等，都属于偶然误差。

偶然误差，就其个别值而言，在观测前我们确实不能预知其出现的大小。但是，如果在一定的观测条件下，对某量进行多次观测，误差列却呈现出一定的规律性，称为统计规律。并且，随着观测次数的增加，偶然误差的规律性表现得更加明显。

偶然误差包括以下四个特征：

(1) 在一定的观测条件下，偶然误差的绝对值不会超过一定的限值。

(2) 绝对值小的误差比绝对值大的误差出现的机会多（或概率大）。

(3) 绝对值相等的正、负误差出现的机会相等。

(4) 在相同条件下，同一量的等精度观测，其偶然误差的算术平均值，随着观测次数的无限增大而趋于零。

第一个特征说明偶然误差的“有界性”。它说明偶然误差的绝对值有个限值，如果超过这个限值，说明观测条件不正常或有粗差存在；第二个特征反映了偶然误差的“密集性”，即越是靠近 0，误差分布越密集；第三个特征反映了偶然误差的对称性，即在各个区间内，正负误差个数相等或极为接近；第四个特征反映了偶然误差的“抵偿性”，它可由第三特性导出，即在大量的偶然误差中，正负误差有相互抵消的特征。所以，当 n 无限增大时，偶然误差的算术平均值应趋于零。

第 2 章　水　准　测　量

2.1　水准测量的原理及规定

水准测量是测量的三大要素之一，是确定地面点高程的主要方法，《工程测量规范》（GB 50026—2007）对水准测量作出了相关规定。本节主要介绍水准测量的原理、水准点之间距离较远或高差较大时测站及转点的设置及相关技术要求。

◎水准测量原理

水准测量的原理是利用水准仪提供的水平视线，读取竖立在两个点上的水准尺的读数，通过计算求出地面上两点间的高差，然后根据已知点的高程计算出待定点的高程。

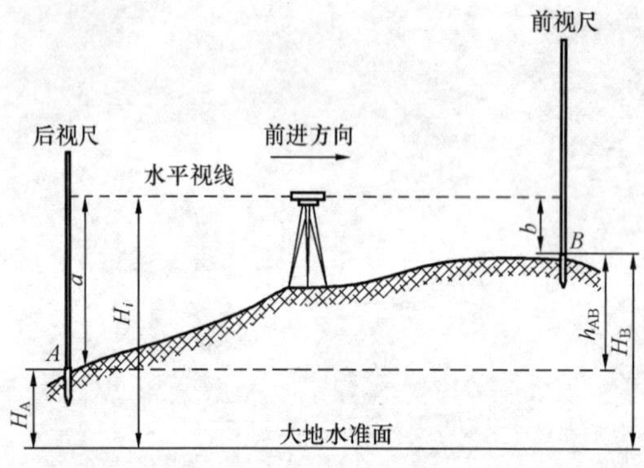

图 2-1　水准测量原理

如图 2-1 所示，已知 A 点高程 H_A，欲测定 B 点的高程 H_B，则可在 A、B 两点的中间安置一台水准仪，并分别在 A、B 两点上各竖立一根水准尺，通过水准仪的望远镜分别读取水平视线在 A、B 两点上的水准尺读数，若前进方向是由 A 点到 B 点，则规定 A 为后视点，其标尺读数 a 称为后视读数；B 为前视点。其标尺读数 b 称为前视读数。根据几何学中平行线的性质可知，A 点到 B 点的高差或 B 点相对于 A 点的高差为

$$h = a - b \tag{2-1}$$

由式（2-1）知，地面上两点间的高差等于后视读数减去前视读数。当后视读数 a 大于前视读数 b 时，h_{AB}值为正，说明 B 点高于 A 点；反之，则 A 点高于 B 点，h_{AB}为负值。

待定点 B 的高程为

$$H_B = H_A + h_{AB} \tag{2-2}$$

由视线高计算 B 点高程的方法，在各种工程测量中被广泛应用。由图 2-1 可知，A 点的高程加上后视读数等于水准仪的视线高程，简称视线高，设为 H_i，即

$$H_i = H_A + a \tag{2-3}$$

则 B 点的高程等于视线高减去前视读数，即

$$H_B = H_i - b = (H_A + a) - b \tag{2-4}$$

式（2-4）特别适用于根据一个后视点的高程同时测定多个前视点的高程的工作。如图 2-2 所示，当架设一次水准仪要测量多个前视点 B_1、B_2，…，B_n 点的高程时，则将水准仪架设在适当的位置，对准后视点 A，读取中丝读数 a，按式（2-3）计算出视线高 $H_i = H_A + a$，然后用水准仪照准竖立在 B_1，B_2，…，B_n 点上的水准尺，并分别读取中丝读数为 b_1，b_2，…，b_n，则可按式（2-4）分别计算 B_1、B_2，…，B_n 点的高程。

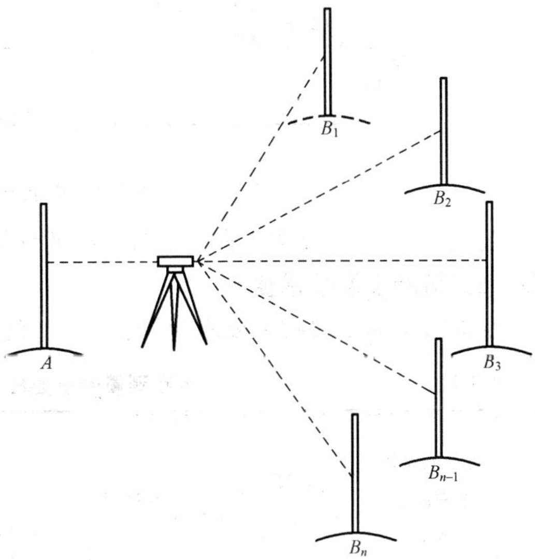

图 2-2　用视线高法计算 B_i 点高程

◎**测站和转点**

当 A、B 两点之间的高差过大，或是两点之间的距离过长，安置一次仪器不能测得两点之间的高差，就在 A、B 两点之间多设一些立尺点，这些立尺点，在前一站是前视，在下一站则为后视，我们称这些点为转点，它起着传递高程的作用，用 TP 表示。为了防止转点在观测过程中下沉，在尺子的下部应安放尺垫。在计算 A、B 两点之间的高差时，则把每站的高差相加即可，如图 2-3 所示。设某一站的高差为 h_i，后视读数为 a_i，前视读数为 b_i（$i=1, 2, 3, \cdots, n$），则：

$$h_1 = a_1 - b_1 \tag{2-5}$$

$$h_2 = a_2 - b_2 \tag{2-6}$$

$$h_3 = a_3 - b_3 \tag{2-7}$$

………

$$\begin{aligned} h_{AB} &= h_1 + h_2 + h_3 + \cdots h_n = (a_1 - b_1) + (a_2 - b_2) + (a_3 - b_3) + \cdots + (a_n - b_n) \\ &= (a_1 + a_2 + a_3 + \cdots + a_n) - (b_1 + b_2 + b_3 + \cdots + b_n) = \sum a - \sum b \end{aligned}$$

$$H_B = H_A + h_{AB} = H_A + (\sum a - \sum b) \tag{2-8}$$

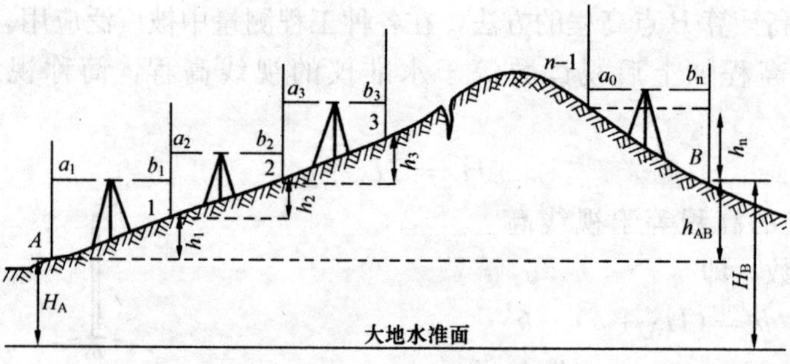

图 2-3 水准测量

公式（2-8）可以作为在测量过程中的计算校核之用，并检查计算是否正确。

◎**水准测量的主要技术要求**

水准测量的主要技术要求应符合表 2-1 的规定。

表 2-1 水准测量的主要技术要求

等级	每千米误差全中误差（mm）	路线长度（km）	水准仪型号	水准尺	观测次数		往返较差、附合或环线闭合差	
					与已知点联测	附合或环线	平地（mm）	山地（mm）
二等	2	—	DS1	因瓦	往返各一次	往返各一次	$4\sqrt{L}$	
三等	6	≤50	DS1	因瓦	往返各一次	往一次	$12\sqrt{L}$	$4\sqrt{n}$
			DS3	双面		往返各一次		
四等	10	≤16	DS3	双面	往返各一次	往一次	$20\sqrt{L}$	$6\sqrt{n}$
五等	15	—	DS3	单面	往返各一次	往一次	$30\sqrt{L}$	

注 1. 结点之间或结点与高级点之间，其路线的长度，不应大于表中规定的 0.7 倍。
2. L 为往返测段、附合或环线的水准路线长度（km）；n 为测站数。
3. 数字水准仪测量的技术要求和同等级的光学水准仪相同。

2.2 水准测量仪器

水准仪是进行水准测量的主要仪器。目前，常用的水准仪有：一类是利用水准管来获得水平视线的水准管水准仪，称为微倾式水准仪；另一类是利用补偿器来获得水平视线的，称为自动安平水准仪；还有一类是电子水准仪，其配合条纹编码尺，利用数字化图像处理的方法，可自动显示高程和距离。

我国的水准仪系列标准分为 DS05、DS1、DS3（D——大地测量仪器的代号；S——水准仪的代号；下标数字表示仪器的精度，表示每千米高差中的误差）。DS05 和 DS1 用于精密水准测量，DS3 用于一般普通水准测量。

◎水准测量仪器的规定

（1）水准仪视准轴与水准管轴的夹角 i，DS1 型不应超过 15″，DS3 型不应超过 20″。

（2）补偿式自动安平水准仪的补偿误差 Δa 对于二等水准不应超过 0.2″，三等不应超过 0.5″。

◎DS3 微倾式水准仪

1. 构造

（1）望远镜。望远镜通常由物镜、物镜调焦镜、目镜和十字丝分划板组成。物镜的作用是使物体在物镜的另一侧构成一个倒立的实像，目镜的作用是使这一实像在同一侧形成一个放大的虚像，如图 2-4 所示。为了使物像清晰并消除单透镜的一些缺陷，物镜和目镜都是用两种不同材料的复合透镜组合而成，如图 2-5 所示。

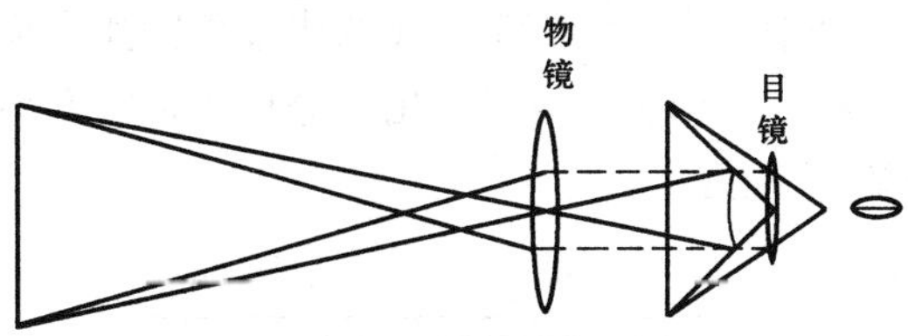

图 2-4 虚像

测量仪器上的望远镜必须有一个十字丝分划板，是安装在物镜与目镜之间的一块平板玻璃，上面刻有两条相互垂直的细线，称为十字丝，中间横的一条称为中丝（或横丝），水准测量中其中丝所对应的水准尺读数是用来计算测站两观测点的高差的。与中丝平行的上、下两短丝称为视距丝，其在同一把尺上所对应读数则用来计算仪器与观测点间的水平距离。水准仪十字丝如图 2-6 所示。

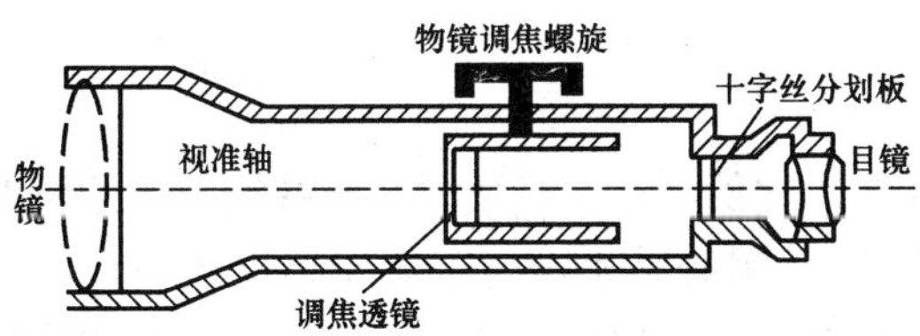

图 2-5 物镜和目镜

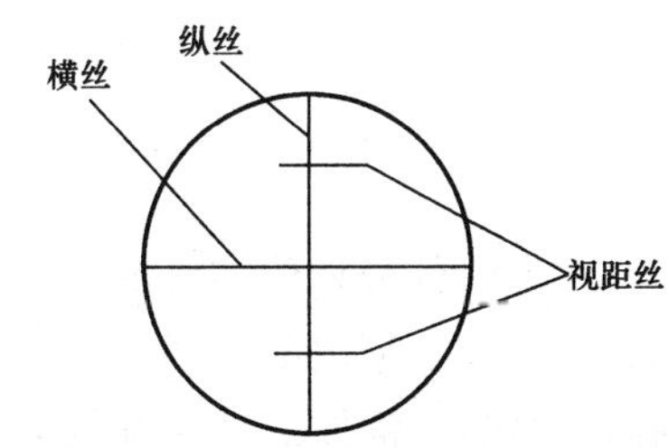

图 2-6 水准仪十字丝

十字丝交点和物镜光心的连线称为视准轴，也就是视线方向，它是水准测量中用来读取中丝读数的视线。水准仪的主要轴线之一是视准轴。

为了能准确地照准目标且读出读数，在望远镜内必须能同时看到清晰的物像和十字丝刻划，因此必须使物像成像在十字丝分划板平面上。为了使离仪器不同距离的目标都能成像于十字丝分划板平面上，望远镜内还必须安装一个调焦透镜。观测不同距离的目标时，可旋转调焦螺旋改变调焦透镜的位置，从而能在望远镜内清晰地看到十字丝和所要观测的目标。

(2) 水准器。水准器是用以置平仪器的一种设备，是测量仪器上的重要部件。水准器分为两种，即管水准器和圆水准器。

1) 管水准器又称水准管，是一个封闭的玻璃管。首先把管的上内壁的纵向磨成圆弧形，然后在管内灌装酒精或乙醚的混合液体，最后加热融封形成一气泡，如图 2-7 所示。管的上内壁圆弧的中点称为水准管的零点，对称于中心点的两侧刻有若干间隔为 2mm 弧长的分划线，过零点与管内壁圆弧相切的直线称水准管轴。当气泡的中心点与零点重合时，称气泡居中，此时水准管轴处于水平状态。如果气泡不居中，则视准轴处于倾斜位置。

水准管的分划值是指水准管上相邻两间隔线间的弧长所对应的圆心角。

$$\tau=2/R\times\rho''$$

其中：$\rho''=206\ 265$，R 为水准管圆弧半径。

根据几何关系可以看出，分划值是气泡移动一格水准管轴所变动的角值，如图 2-8 所示。

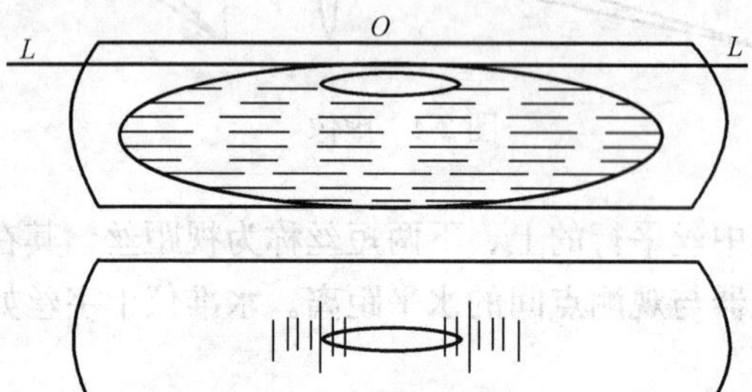

图 2-7 管水准器

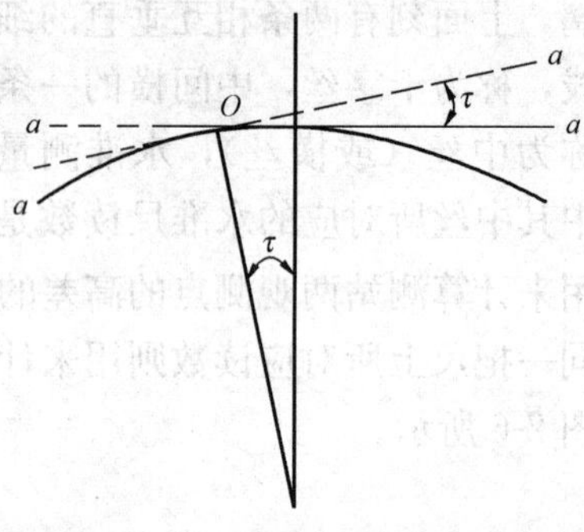

图 2-8 分划值

水准管的分划值与水准管的半径成反比例关系，其值愈小，视线置平的精度就愈高，DS3 型水准仪的分划值约为 20′。另外，水准管的置平精度还与水准管的研磨质量、液体的性质和气泡的长度有关。受这些因素的综合影响，水准管轴将发生移动，把管气泡移动 0.1 格时相应水准管轴所变动的角值称为水准管的灵敏度。气泡移动所引起的水准管轴变动的角值愈小，水准管的灵敏度就愈高。

为了提高气泡居中的精度和速度，在水准管的上面安装符合棱镜系统，通过棱镜的折光作用，将气泡两端各半个的影像反射到一起且反映在仪器的显微窗口中。如果两端气泡的像符合，表示气泡居中。因此这种水准器称为符合水准器，是微倾式水准仪上普遍采用的水准器。图 2-9 (a) 表明气泡不居中，需要转动微倾螺旋使符合气泡居中。图 2-9（b）表明气泡已经居中，不需要转动微倾螺旋。

2）圆水准器是一个封闭的圆形玻璃容器，顶盖的内表面为一球面，容器内盛装乙醚类液体，且形成一小圆气泡，如图 2-10 所示。容器顶盖中央刻有小圈，小圈的中心是圆水准器的零点，通过零点的球面法线是圆水准器轴，当圆水准器气泡居中时，圆水准器轴处于铅垂位置。圆水准器的分划值，是顶盖球面上 2mm 弧长所对应的圆心角值，水准仪上圆水准器的圆心角值约为 $8'$。

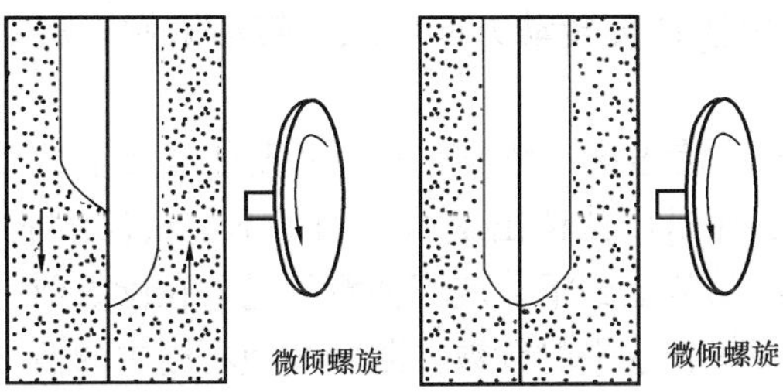

(a)　　(b)

图 2-9　微倾螺旋定平水准管

（a）气泡不居中；（b）气泡居中

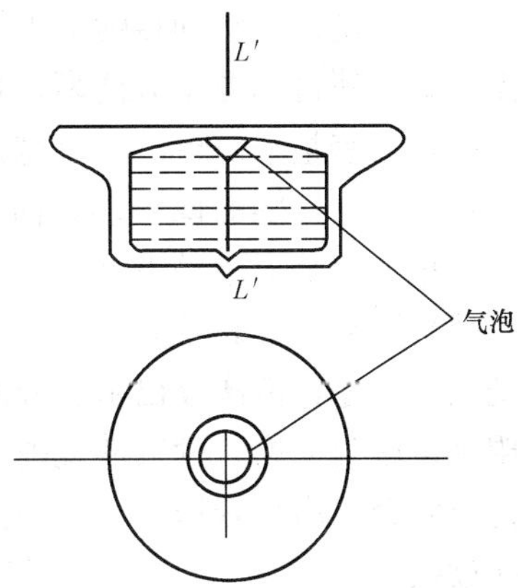

图 2-10　圆水准器

（3）基座。基座起支撑仪器上部的作用，通过连接螺旋与三脚架相连接。基座通常由轴座、脚螺旋、底板和三角压板等构成，如图 2-11 所示。转动脚螺旋，可使圆水准器气泡居中，使仪器竖轴竖直。

2. 使用方法

（1）安置、整平。水准仪的安置主要是整平水准盒，使仪器概略水平。具体做法是：选好安置位置，将仪器安在三脚架上，先踩实两脚架尖，摆动另一只脚

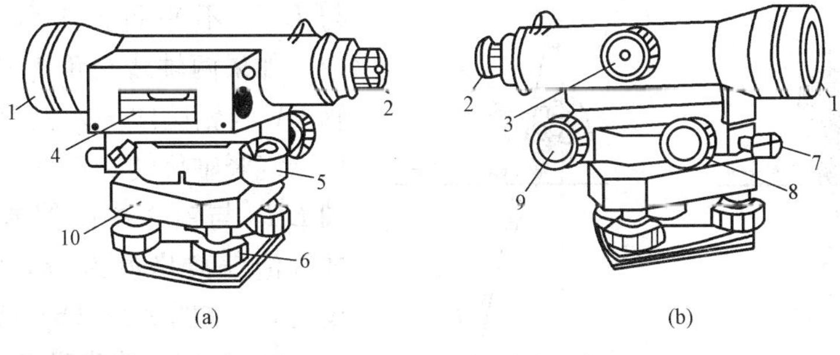

(a)　　(b)

图 2-11　DS3 型微倾式水准仪

1—物镜；2—目镜；3—调焦螺旋；4—水准管；5—圆水准器；6—脚螺旋；7—制动螺旋；8—微动螺旋；9—微倾螺旋；10—基座

架使水准盒气泡概略居中，然后用脚螺旋使气泡居中。

(2) 对光、照准。先将望远镜对准明亮背景，转动目镜对光螺旋使十字丝清晰，然后松开制动螺旋，转动望远镜，利用镜筒上准星和照门照准目标后，旋紧制动螺旋，再转动物镜对光螺旋，使尺像清晰，此时眼睛上下晃动时应达到十字丝交点总是指在物像的一个固定位置，即无视差现象。如果尺与十字丝有错动现象，就是有视差，说明物像没有呈现在十字丝面上，影响了读数的准确性。消除视差的方法是：先转动目镜对光螺旋，使十字丝清晰，然后瞄准目标，转动物镜对光螺旋，使目标像十分清晰，直到消除视差。

(3) 精密整平。转动微倾螺旋使符合水准气泡居中，即使气泡两端的像符合。规律是：左侧的像移动方向与微倾螺旋转动方向一致。转动微倾螺旋要稳重，防止气泡上下错动不停。

(4) 读数。以十字丝中横丝为准，读出指示数值。读数时要注意尺上数字由小到大的顺序，依次读出米、分米、厘米，估读出毫米。如果不是正像水准仪，则望远镜中为倒像，读数从镜内看应为从上到下。应当注意的是，在读数前一定要检查附合气泡是否居中，以保证视线在水平时读数。附合气泡不居中的情况下不能读数。

3. 检验与校正

(1) 圆水准器的检验与校正

1) 检验。

目的：圆水准器轴 $L'L'$ 平行于仪器竖轴 VV。

方法：首先用脚螺旋使圆水准气泡居中，此时圆水准器轴 $L'L'$ 处于竖直的位置。将仪器绕仪器竖轴旋转 180°，如果圆水准气泡仍然居中，则说明 $VV /\!/ L'L'$ 条件满足。

如果将仪器绕竖轴旋转 180°，气泡不居中，则说明仪器竖轴 VV 与 $L'L'$ 不平行。在图 2-12 (a) 中，如果两轴线交角为 α，此时竖轴 VV 与铅垂线偏差也为 α 角。当仪器绕竖轴旋转 180°后，圆水准器轴 $L'L'$ 与铅垂线的偏差变为 2α，即气泡偏离格值为 2α，实际误差仅为 α，如图 2-12 (b) 所示。

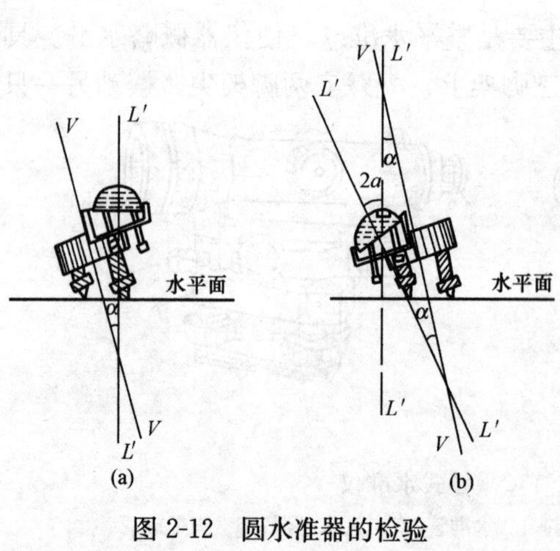

图 2-12　圆水准器的检验

(a) 气泡居中；(b) 旋转 180°后

2) 校正。首先稍松位于圆水准器下面中间的固紧螺栓，如图 2-13 (c)，然后调整其周围的 3 个校正螺栓，使气泡向居中位置移动偏离量的一半，如图 2-13（a）所示。此时圆水准器轴 $L'L'$ 平行于仪器竖轴 VV，之后再用脚螺旋整平，使圆水准器气泡居中，此时竖轴 VV 与圆水准器轴 $L'L'$ 同时处于竖直位置，如图 2-13（b）所示。校正工作一般需反复进行，直至仪器转到任何位置气泡均为居中为止，最后应旋紧固定螺栓。

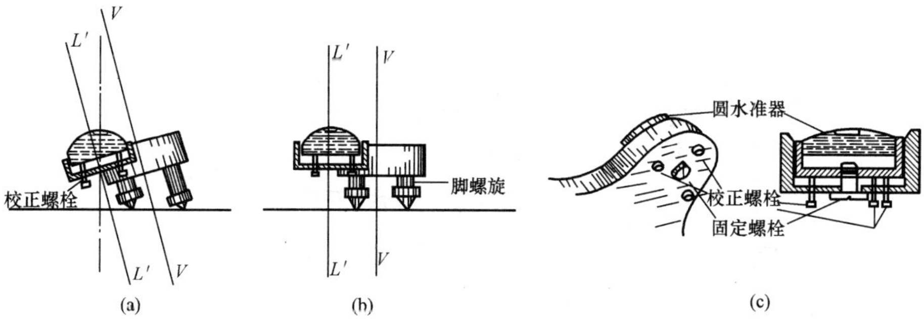

图 2-13 圆水准器的校正

（a）气泡向中心移一半；（b）用脚螺旋使圆水气泡居中；（c）圆水准器的螺栓

（2）十字丝的检验与校正

1）检验。

目的：十字丝横丝垂直于仪器竖轴 VV。

方法：首先将仪器安置好，用十字丝横丝对准一个清晰的点状目标 P，如图 2-14（a）所示。然后固定制动螺旋，转动水平微动螺旋。若目标点 P 沿横丝移动，如图 2-14（b）所示，则说明横丝垂直于仪器竖轴 VV，不需要校正，如图 2-14（c）、（d）所示，则需校正。

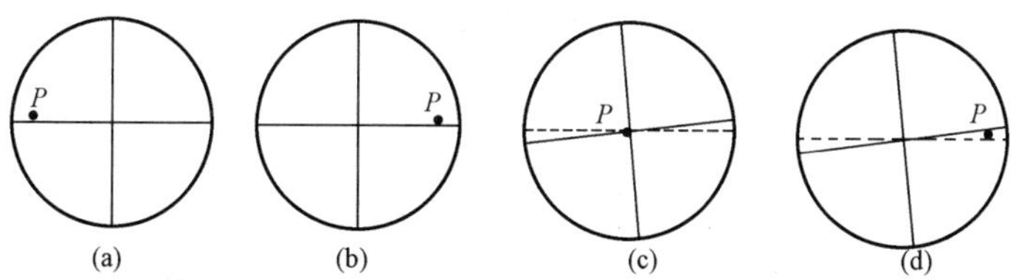

图 2-14 十字丝横丝的检验

2）校正。校正方法按十字丝分划板装置形式不同而异，有的仪器可直接用螺丝松开分划板座相邻两颗固定螺栓，转动分划板座，改正偏离量的一半，即满足条件。有的仪器必须卸下目镜处的外罩，然后用旋具松开划板座的固定螺栓，拨正分划板座即可。

（3）管水准器的检验与校正

1）检验。

目的：水准管轴 VV 应平行于望远镜的视准轴 CC。

方法：

①选相距约 60～100m 的两点 A 和 B，如图 2-15 所示，离 A、B 等距离 I 处安置仪器，用双仪器高法测 A、B 高差两次，若差数在 3mm 以内，取平均值为正确的高差 h_{AB}。因前后视读数误差均包含误差 x，在求高差时误差消除了。

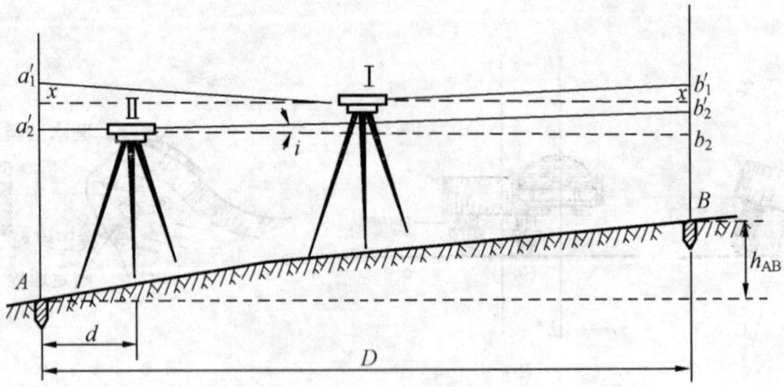

图 2-15　水准管轴与视准管轴不平行的检验

②把仪器搬到靠近 A 或 B 点，如 A 点，图中Ⅱ位置，离 A 点距离为 d（约 2m，略大于仪器的最短视距），读出 A 点和 B 点水准尺读数，再求两点高差为 h'_{AB}，如果前后两次高差不相等，则说明条件不满足。

③计算视准轴与水准管轴不平行所产生的夹角 i，从图 2-15 中可看出

$$i=\frac{b_2'b_2}{D-d\rho''} \tag{2-9}$$

从图 2-15 中可看出：在Ⅱ站 B 尺的正确读数 b_2 为

$$b_2=a_2'-h_{AB} \tag{2-10}$$

移项得

$$a_2'-b_2=h_{AB}$$

$$a_2'-b_2'=h'_{AB}$$

将上面两式相减便得 $b_2'b_2=h_{AB}-h'_{AB}$，代入式（2-9）得

$$i=\frac{|h'_{AB}-h_{AB}|}{D-d}\rho'' \tag{2-11}$$

式中　D——A、B 另两点距离；

d——近尺位置的距离；

ρ''——$\rho''=206\ 265''$。

如果两轴夹角 $i>20''$需要校正。

2）校正。校正工作应在第Ⅱ站进行。首先按式（2-10）计算 B 尺的正确读数

b_2。然后调微倾螺旋使视准轴对准这个正确读数，此时水准管气泡一定偏歪，调节上下两个螺栓使气泡居中。操作时，需先将左（或右）螺栓略松开一些，如图 2-16 所示，使水准管能够活动，然后一松一紧上下校正螺栓，最后再把左右螺栓拧紧。

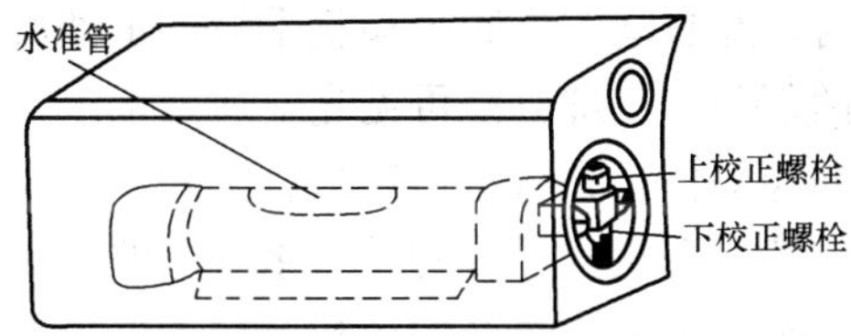

图 2-16 水准管轴较正

◎自动安平水准仪

1. 构造

自动安平水准仪是在一定的竖轴倾斜范围内，利用补偿器自动获取视线水平时水准标尺读数的水准仪，用自动安平补偿器代替了管状水准器，在仪器微倾时补偿器受重力作用而相对于望远镜筒移动，使视线水平时标尺上的正确读数通过补偿器后仍旧落在水平十字丝上。自动安平的补偿可通过悬吊十字丝，在物镜至十字丝的光路中安置一个补偿器，和在常规水准仪的物镜前安装单独的补偿附件等 3 个途径实现。用此类水准仪观测时，当圆水准器气泡居中仪器放平之后，不需再经手工调整即可读得视线水平时的读数。它可简化操作手续，提高作业速度，以减少外界条件变化所引起的观测误差。

2. 补偿器

（1）补偿器种类。自动安平水准仪补偿器，按照阻尼方式可分为空气阻尼补偿器和磁阻补偿器。其中磁阻尼补偿器按照构造不同又可分为台式磁阻尼补偿器、交叉式磁阻尼补偿器。

（2）不同种类补偿器应用情况。空气阻尼补偿器，受环境周边磁场影响小，但由于装配工艺复杂，多应用于产量不大、精度要求高的自动安平水准仪。

交叉式磁阻尼补偿器装配工艺简单、部件精度要求不是很苛刻、成本低廉，但该补偿器对于倒置后若经受较强烈震动后，由于吊线弯折变形引起补偿功能失效的概率非常高。所以这种补偿器目前广泛应用于中低档自动安平水准仪，而很少应用于高档仪器当中。

台式磁阻尼补偿器，装配工艺相对复杂，对部件要求比较高，成本比较高，但由于抗震优于其他补偿器，多应用于中、高档自动安平水准仪。

◎电子水准仪

1. 测量原理

电子水准仪是利用近代电子工程学原理由传感器识别水准尺上的条形码分画，经信息转换处理获得观测值，并以数字形式显示在显示窗口上或存储在处理器内。仪器带自动安平补偿器，补偿范围为$\pm 12'$。与仪器配套的水准尺为条纹编码尺——玻璃纤维塑料或钢尺。与电子水准仪相匹配的分画形式为条纹码。观测时，经自动调焦和自动整平后，水准尺条纹码分画影像映射到分光镜上，并分为两部分，一部分是可见光，通过十字丝和目镜，供照准用；另一部分是红外光射向探测器，并将望远镜接收到的光图像信息转换成电影像信号，并传输给信息处理器，与机内原有的关于水准尺的条纹码本源信息进行相关处理，于是就得出水准尺上水平视线处的读数。使用电子水准仪测量既方便又准确，实现了水准测量自动化

2. 使用方法

(1) 安置仪器。电子水准仪的安置同光学水准仪。

(2) 整平。旋动脚螺旋使圆水准盒气泡居中。

(3) 输入测站参数。输入测站高程。

(4) 观测。将望远镜对准条纹水准尺，按仪器上的测量键。

(5) 读数。直接从显示窗中读取高差和高程，此外还可获取距离等其他数据。

2.3 水准测量外业和内业工作

水准测量工作总的说来包括水准测量的外业、水准测量的检核和水准测量的内业。

◎水准测量的外业

1. 水准点

为了统一全国的高程系统和满足各种测量的需要，测绘部门在全国各地埋设并测定了很多高程点，这些点称为水准点（Bench Mark），简记为BM。水准测量通常是从水准点引测其他点的高程。水准点有永久性和临时性两种。国家等级水准点一般用石料或钢筋混凝土制成，深埋到地面冻结线以下。在标石的顶面设有用不锈钢或其他不易锈蚀材料制成的半球状标志。有些水准点也可设置在稳定的墙脚上，称为墙上水准点。

建筑工地上的永久性水准点一般用混凝土或钢筋混凝土制成，临时性的水准点可用地面上突出的坚硬岩石或用大木桩打入地下，校顶钉用半球形铁钉。

埋设水准点后，应绘出水准点与附近固定建筑物或其他地物的关系图，在图上还要写明水准点的编号和高程，称为点之记，以便于日后寻找水准点位置之用。水准点编号前通常加BM字样，作为水准点的代号。

2. 水准测量路线形式

水准测量路线形式主要有闭合水准路线、附合水准路线和支水准路线。

3. 水准测量实施

待定点离水准点较远或高差很大时，就需要连续多次安置仪器才能测定两点

高差。如图 2-17 所示，已知水准点 BMA 的高程为 H_A，测量未知点 B 的高程，若需安置 4 个测站，其观测步骤如下：

（1）选择转点：在离 BMA 点某一距离适当位置（最好不超过 120m）选一立尺点 TP1，在 A、TP1 两点上分别立水准尺。

（2）安置测站：在距 A 和 TP1 点大约等距离Ⅰ处，安置水准仪。目估三脚架头基本水平，脚架应踩稳，然后将仪器粗平（调节脚螺旋使圆水准器气泡居中）。

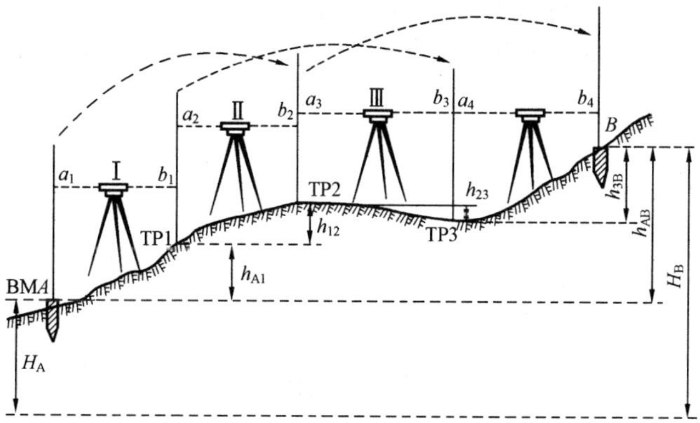

图 2-17　水准测量实施

（3）后视 A 点上的水准尺，旋转微倾螺旋，使水准管气泡符合（精平）后，望远镜中丝读取水准尺读数 a_1 为 1.462m（称后视读数），记入表 2-2 对应于 A 点的后视读数栏。

表 2-2　水准测量记录表（一次仪高法）

测站	点号	后视读数（m）	前视读数（m）	高差（m）	高程（m）
1	A TP1	1.462	0.895	+0.567	26.531 27.098
2	TP1 TP2	1.895	0.933	+0.962	28.06
3	TP2 TP3	1.716	1.145	+0.571	28.631
4	TP3 B	1.612	0.711	+0.901	29.532
求和		6.685	3.684		
检核计算	$\sum a-\sum b=6.685-3.684=+3.001$ $\sum h=+3.001$ $H_B-H_A=+3.001$				

(4) 旋转望远镜，前视1点上的水准尺，旋转微倾螺旋，使水准管气泡符合(精平)后，望远镜中丝读取水准尺读数 b_1 为 0.895m（称前视读数），记入表2-2对应于1点的前视读数栏。

(5) 计算第一测站两立尺点间的高差：$h_{A1}=a_1-b_1=0.567\text{m}$，记入表格高差栏。

(6) 继续测量，选第2个转点TP2，水准仪搬到大约与TP1、TP2等距离的Ⅱ处，重复(2)、(3)、(4)、(5)各步，即“安置测站—后视—前视—计算高差”。

按照以上方法一直测到未知点 B。搬迁立尺时应注意：从第1站至第2站时，前视尺不动，而是将1站的后视尺搬动到2站作为前视尺，如图箭头所示方向搬迁立尺。

显然：

第1站：$h_{A1}=a_1-b_1$

第2站：$h_{12}=a_2-b_2$

第3站：$h_{23}=a_3-b_3$

第4站：$h_{3B}=a_4-b_4$

上列各式相加得 $$\sum h = h_{AB} = \sum a - \sum b \tag{2-12}$$

已知 H_A 则 $$H_B = H_A + \sum h \tag{2-13}$$

◎水准测量的检核

1. 计算检核

(1) 各测站高差总和=后视读数总和-前视读数总和

(2) 未知点高程-已知点高程=各测站高差总和

计算检核只能检查计算是否有误，不能检查观测是否存在错误。

2. 测站检核

(1) 双仪高法。双仪高法也称变动仪器高法，在同一测站上用不同仪器高度测两次高差，相互进行比较。测得第1次高差后，改变仪器高度10cm以上，重新安置水准仪，再测一次高差。两次测得高差之差不得超过容许值（等外水准为8mm)，符合要求后，取其平均值作为最后结果，否则需重测。

(2) 双面水准尺法。双面水准尺法需要有红黑双面的水准尺，水准仪安置的高度不变，先读后视尺与前视尺的黑面读数，求得两点高差，然后再读前后视红面尺读数，由红黑双面读数求得高差进行比较。但应注意，配对尺使用的双面尺，红面起点，一根是4.687m，一根是4.787m。因此，计算高差时，如果4.687为后视尺，4.787为前视尺，因此后尺起点数小0.1m，则红面读数求得高差应加0.1m。如果4.787为后视尺，4.687为前视尺，后尺读数大0.1m，则红面读数求得高差应减去0.1m，即

$$\text{黑面求得高差}=\text{红面求得高差}\pm 0.1\text{m} \tag{2-14}$$

（后视尺为 4.687，取“＋”号，后视尺为 4.787，取“－”号）

红黑双面求得高差不得超过容许值，四等水准不得超过 5mm，等外水准可放宽至 8mm。

3. 成果检核

测站检核只能检核一个测站观测是否存在错误或误差是否超限。对一条水准路线来说，还不足以说明所求未知点的高程是否符合要求。有一些误差在一个测站上反映不出来，但随着测站数的增加，使误差积累，最后导致成果达不到精度要求。因此，必须进行整条路线成果的检核。

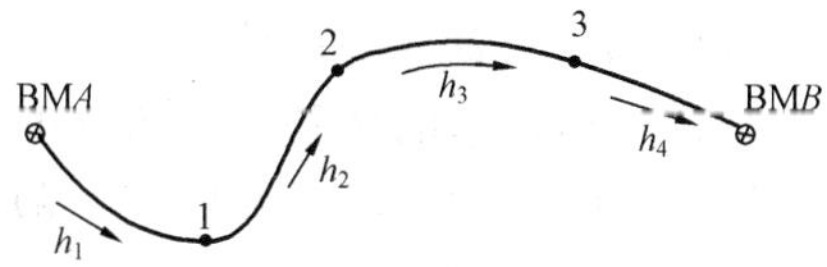

图 2-18　附合水准路线

（1）附合水准路线。从一水准点 BMA 出发，沿各待定高程点逐站进行水准测量，最后附合到另一水准点 BMB，如图 2-18 所示。附合水准路线的检核条件为

$$\sum h_i = H_B - H_A$$

如果等号两边不相等，则附合水准路线的高差闭合差 f_h 为

$$f_h = \sum h_i - (H_B - H_A) \tag{2-15}$$

限差为

平地　$$f_{h容} = \pm 40\sqrt{L}\ (\text{mm}) \tag{2-16}$$

山地　$$f_{h容} = \pm 12\sqrt{n}\ (\text{mm}) \tag{2-17}$$

式中　L——路线总长（km）；

n——路线上总测站数。

（2）闭合水准路线。从水准点 BMA 出发，沿环线逐站进行水准测量，经过各高程待定点，最后返回 BMA 点，称为闭合水准路线。如图 2-19 所示，其高差闭合差 f_h 为

$$f_h = \sum h_i \tag{2-18}$$

闭合水准路线限差同附合水准路线。

（3）支水准路线。如果从一水准点出发，既没有符合到另一水准点，也没有闭合到原来的水准点，就称其为支水准路线。如图 2-20 所示，支水准路线采用往返观测，其高差闭合差 f_h 的计算公式为

$$f_h = \sum h_{往} + \sum h_{返} \tag{2-19}$$

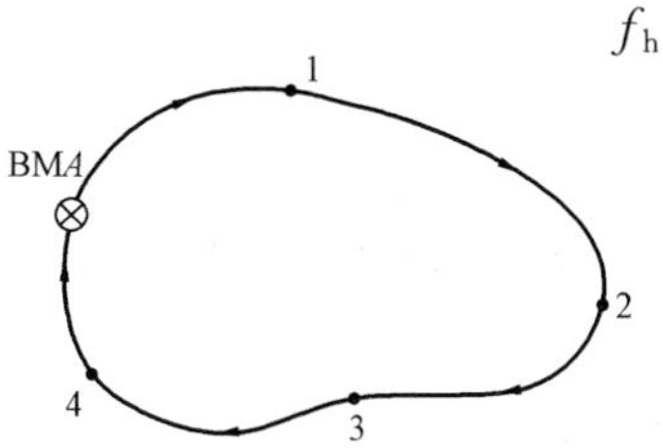

图 2-19　闭合水准路线

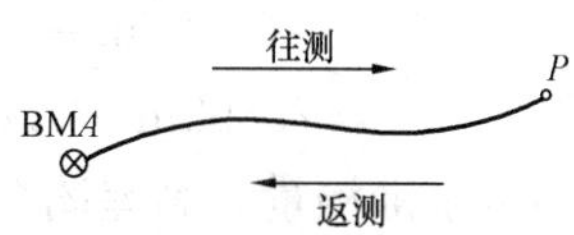

图 2-20　支水准路线

◎**水准测量的内业**

水准测量外业结束后，要检查手簿，再计算各点间的高差。经检核无误后，才能进行计算和调整高差闭合差。最后计算各点的高程。

1. 附合水准路线闭合差的计算和调整、附合水准路线成果计算

（1）高差闭合差的计算。高差闭合差可用来衡量测量成果的精度，等外水准测量的高差闭合差容许值。

（2）闭合差的调整。在同一条水准路线上，假设观测条件是相同的，可认为各站产生的误差机会是相同的，故闭合差的调整按与测站数（或距离）成正比反符号分配的原则进行。

（3）高程计算。

2. 闭合水准路线闭合差的计算与调整

闭合水准路线各段高差的代数和应等于零，即由于存在着测量误差，必然产生高差闭合差，闭合水准路线高差闭合差的调整方法、容许值的计算均与附合水准路线相同。

对于 DS3 级微倾水准仪，i 值不得大于 20″。

校正转动微倾螺旋使中丝对准 A 点尺上正确读数 c2，此时视准轴处于水平位置，但管水准气泡必然偏离中心。用拨针拨动水准管一端的上、下两个校正螺丝，使气泡的两个半像符合。

◎**例题分析**

A、B 为已知水准点，A 点高程为 50.000m，B 点高程为 52.841m，如图 2-21 所示，在山区测量附合水准路线各测段测站数 n 及高差 h 列于图中。试求各未知点 1 与 2 的高程。

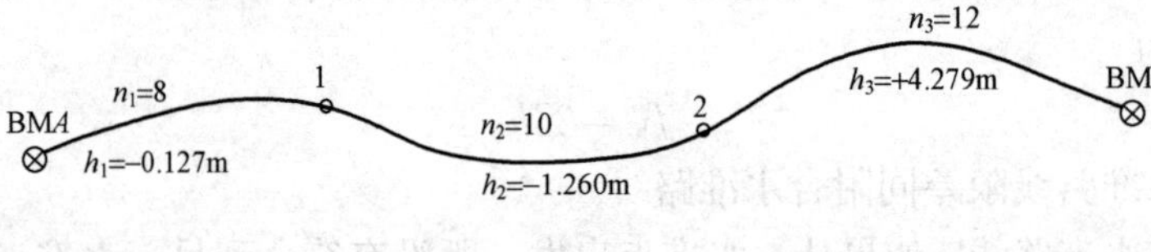

图 2-21

解：

1. 计算高差闭合差

按式（2-15）

$$\begin{aligned} f_h &= \sum h_i - (H_B - H_A) \\ &= -0.127m - 1.260m + 4.279m - (52.841 - 50.000)m \\ &= 2.892m - 2.841m = +0.051m \end{aligned}$$

山地水准测量，高差闭合差的容许值为

$$f_{h容} = f_{h容} = \pm 12\sqrt{n}(mm) = \pm 12\sqrt{30}(mm) = \pm 66(mm)$$

实际高差闭合差为+51mm，小于容许值66mm，说明测量精度符合要求。

2. 闭合差的调整

在同一条水准路线上，观测条件是相同的，可以认为各测站产生误差大小基本相同，因此可将闭合差按测站数（或距离）成正比例反符号进行分配，即得高差改正数：

$$V_i = \frac{-f_h}{\sum n} \times n_i \tag{2-20}$$

或

$$V_i = \frac{-f_h}{\sum L} \times L_i \tag{2-21}$$

本例总测站数为30，所以第1段高差改正数为

$$V_i = \frac{-0.051\text{m}}{30} \times 8 = -0.0017\text{m} \times 8 = -0.0136\text{m}$$

第2段高差改正数 $v_2 = -0.0017 \times 10 = -0.017$m。第3段高差改正数 $v_3 = 0.0017 \times 12 = 0.0204$m。计算后取小数点后3位填入表中高差改正数栏内。检查高差改正数总和应等于闭合差，但符号相反。由于四舍五入的影响，有时会产生1～2mm的差异，此时应适当调整高差改正数，使高差改正数总和其绝对值完全等于闭合差，即

$$\sum v_i = -f_h$$

计算各测段改正后的高差，就是将实测的高差加高差改正数。这一步又要作检查，即改正后高差总和应等于A、B两点的高差（$H_B - H_A$），即

$$\sum h_{改正后} = H_B - H_A$$

3. 高程计算

从A点已知高程加A～1改正后高差，便得1点的高程。依次逐步推算，最后算得B点高程H_B完全相等。

以上计算列于表2-3。

表2-3　　附合水准测量计算表

点号	测站数 n	高差 h (m)	高差改正数 v (m)	改正后高差 $h+v$ (m)	高程 H (m)
BMA	8	−0.127	−0.014	−0.141	50.000
1	10	−1.260	−0.017	−1.277	49.859
2	12	+4.279	−0.020	+4.259	47.582
BMB					52.841
Σ	30	+2.892	−0.051	+2.841	+2.841

2.4 水准测量在建筑施工中的应用

在建筑施工中，水准仪主要用来进行各施工阶段中竖向高度的水准测量工作，称为标高测量。将同一标高测出并标在不同位置的水准测量工作称为抄平。

◎高程

1. 绝对高程

自然地面是起伏不平的，要衡量地面上某一点的高度，就要确定一个基准。目前我国采用的是“1985 年国家高程基准”，全国的高程系统都是以它为基准测算出来的。

地面上某一点到大地水准面的铅直高度，称该点的绝对高程，也叫海拔。如珠穆朗玛峰的高度是海拔 8844.43m，也就是说它比大地水准面高 8844.43m。

2. 高差

高差是指地面上两点间的高程之差。

如果地面上两点的高程为已知，那么两点间的高差就可计算出来了。

3. 建筑标高

在工程设计中，每一个独立的单位工程（一栋楼、一座水塔）都有它自身的高度起算面，为±0.000（±0.000 一般取建筑物首层室内地坪高度）。建筑物结构本身各部位的高度都是以±0.000 为起算面算起的相对高度，称建筑标高。

4. 建筑标高与绝对高程的关系

工程设计者在施工图上明确给出该单位工程的±0.000 相当于绝对高程×××m，这个确定±0.000 的绝对高程值称为设计高程，也称设计标高。在一个建筑群中各单位工程设计高程可能相同，也可能不相同，在山区建设中有时相差很大。

绝对高程是确定建筑物±0.000 的依据，但不介入结构本身的高度计算。所以，绝对高程与建筑标高是有联系的两个概念。

5. 相对高程

在建设工程中，常以原有建筑物地面或路边石为基准来确定新建工程的±0.000。需要注意的是，在选定相对高程时一定要考虑新建工程的排水、管网、道路与外部的衔接关系，以免造成坡度矛盾，同时还需考虑挖填土方量的合理平衡。

◎测设已知高程的点

高程测设就是根据施工场地上的临近水准点，将已知设计高程测设到现场作业面上。在建筑施工测量中，利用±0.000 进行各施工阶段的标高测设工作十分简便，±0.000 的确定，实质上就是在施工现场测设出第一层室内地坪±0.000

相等于的绝对高程日设的位置，并标注在已有的建筑物上或标注在木桩上。

已知施工现场的水准点 A 的高程为 H_A。在设计图上查得某建筑物第一层室内地坪±0.000的高程相等于绝对高程 $H_{设}$，现要求在木桩 B 上确定 $H_{设}$ 的位置。如图 2-22 所示，在 A、B 两点的中间位置安置水准仪，照准 A 点上的水准尺，精平后读出 a，利用 $b=H_A+a-H_{设}$ 算出 b 值，将 A 点水准尺移至 B 点位置，水准尺立直，并紧靠在桩的侧面，水准仪精平后指挥扶尺人上、下移动水准尺，当视线方向上的读数刚好等于 b 时，指挥立尺者沿水准尺的底部在 B 点木桩的侧面画一道线，此线即是±0.000 测设的位置，也就是 $H_{设}$ 的高程，最后做好±0.000 的标记。

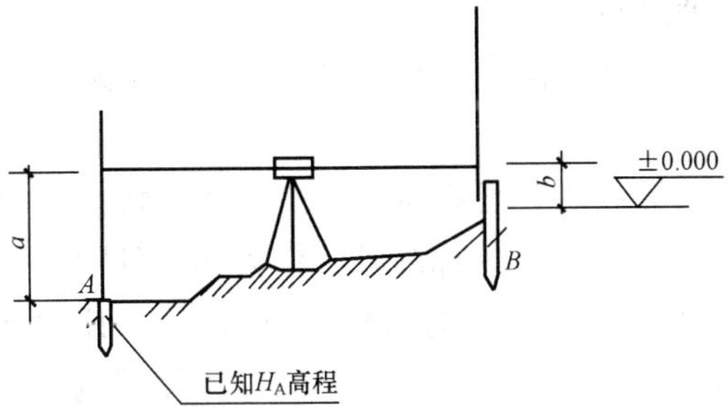

图 2-22　建筑物±0.000 的测设

◎**抄平测量**

抄平测量施工中，常需同时测设若干同一标高点，如测设龙门板、设置水平桩等，施工现场称为抄平。为了提高工作效率，仪器要经过精确定平，利用视线高法原理，安置一次仪器就可测出很多同一标高的点。实际工作中一般习惯用一小木杆代替水准尺，既方便灵活，又可防止读数误差。木杆的底面应与立边相垂直。

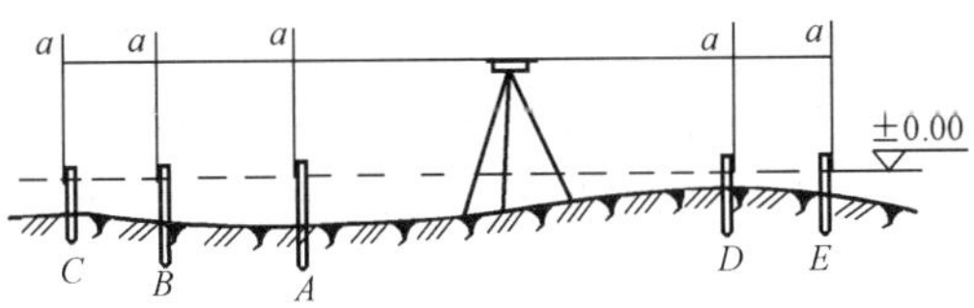

图 2-23　抄平

图 2-23 中 A 点是建立的±0.000 标高点，若在 B、C、D、E 各桩上分别测出±0.000 标高线。

操作方法：仪器安好后，将木杆立在 A 点±0.000 标志上，扶尺员平持铅笔在视线的大约高度按观测员指挥沿木杆上下移动，在中丝照准位置停住，并画一横线，即视线高。之后移木杆于待抄平桩侧面，按观测员指挥上下移动木杆（注意随时调整微倾螺旋，保持水准管气泡居中）。当木杆上的横线恰好对齐中丝时，沿尺底画一横线，此线即为±0.000 位置。不移动仪器，采用同法即可在各桩上测出同一标高线。

要测设比±0.000 高 50cm 的标高线，先从木杆横线向下量 50cm 另画一横线，测设时以改后横线为准，即可测设出高 50cm 的标高线。

需注意的是当仪器高发生变动时（重新安置仪器或重新调平），要再将木杆立在已知高程点上，重新在木杆上测出视线高横线，不能利用以前所画横线。杆上以前画的没用的线要抹掉，以避免观测中发生错误。

◎**传递测量**

在实际工作中，有时两点间高差很大，可采用吊钢尺法或接力法测量。

1. 吊钢尺法

某工程地下室基础深 h_0，当土方快挖到设计标高时，要根据±0.000 标高点向坑底引测 $-h_1$ 的标高桩，作为基础各阶段施工的标高控制点。

具体作法是在槽边设一吊杆，从杆顶向下吊一钢尺，如图 2-24 所示，尺的零端在下，钢尺下端吊一重锤以便使尺身竖直。在地面安置仪器后，先立尺于±0.000 点，测得后视读数 a_1（即视线高 a_1），测得钢尺读数 b_1，之后移仪器于槽内，测得钢尺读数 b_2。

待测点与视线高的高差

$$h = a_1 - (-h_1) \tag{2-22}$$

钢尺两次读数差

$$b = b_1 - b_2 \tag{2-23}$$

故 B 尺前视应读读数

$$a_2 = h - b \tag{2-24}$$

将水准尺立于 B 点木桩侧面，上下移动尺身，当中丝正照准应读数 a_2 时，沿尺底画一横线，该横线即是所要测设的 $-h_1$ 标高线。

2. 接力法

如果两点间有阶梯地段，可采用接力法测设。如图 2-25 所示，测坑底标高作法是在阶梯地段设一转点 C，先根据地面上已知 A 点标高测出 C 点标高，然后再利用 C 点标高测出 B 点标高。

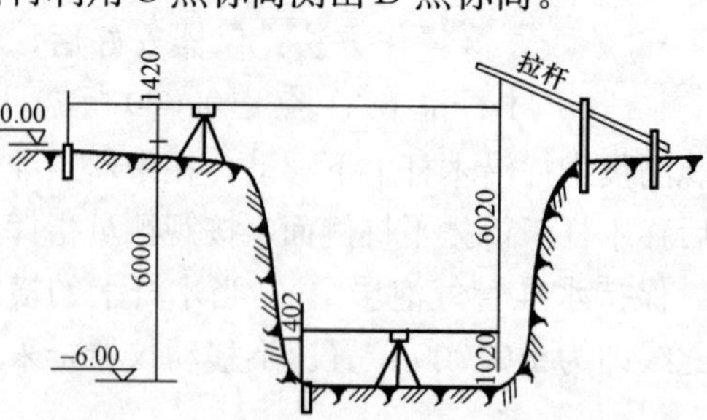

图 2-24　吊钢尺法

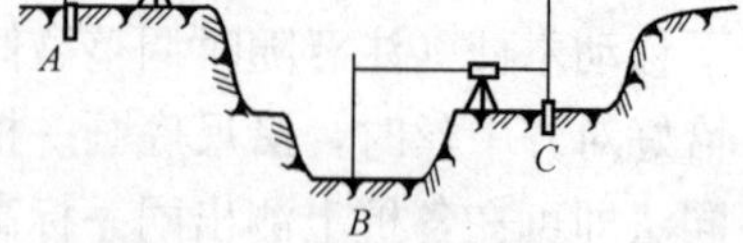

图 2-25　接力法

◎**水准测量应注意的事项**

(1) 在已知高程点和待测高程点上立水准尺时，应直接放在标石中心（或木桩）上。

（2）水准尺要扶直，不能前后、左右倾斜。

（3）尺垫仅用于转点，仪器迁站前，后视点的尺垫不能动。

（4）水准仪到前、后视水准尺的距离要大致相等，可步量确定。

（5）不得涂改原始读数，读错或记错的数据应划去，再将正确数据写在上方，并在相应的备注栏内注明原因，记录簿要干净、整齐。

◎坡度线的测设

坡度线的测设是根据附近的已知水准点的高程、设计坡度和坡度线端点的设计高程，用已知高程的测设方法将坡度线上各点的设计高程标定在地面上。测设指定的坡度线，在道路建设、敷设上下水管道及排水沟等工程施工中应用广泛。测设方法有两种，即水平视线法和倾斜视线法。

1. 水平视线法

A、B 为设计坡度线的两端点，如图 2 26 所示，已知起始点 A 的设计高程 $H_A=50.000$m，A、B 两点水平距离 $D_{AB}=72.000$m，坡度 $i=1/100$，为使施工方便，要在直线方向上，每隔距离 d 钉一木桩，要求在木桩上标定出坡度为 i 的坡度线。测设直线 AB 的坡度步骤如下：

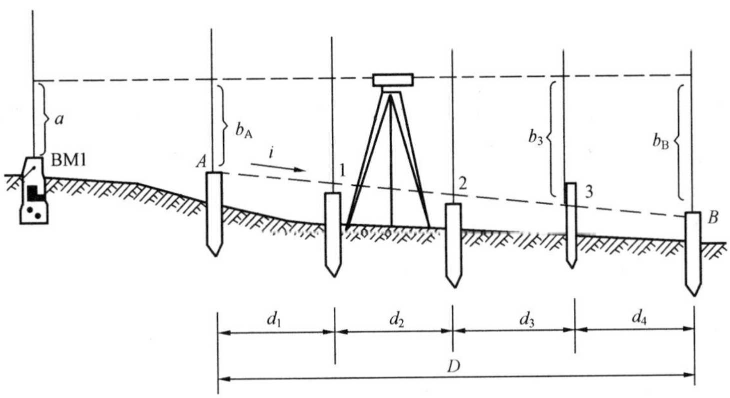

图 2-26 水平视线法测坡度线

（1）考虑施工方便，在 AB 连线上从 A 点起每隔 20m 打一木桩，依次为 1、2、3，则 3、B 两点的距离为 12m。

（2）计算各桩点的设计标高，计算式为

$$H_{设}=H_A+D_j\times i \tag{2-25}$$

式中 D_j——起始点位置到 j 点的距离；

i——设计坡度。

则地面各点设计高程为

$$\left.\begin{aligned} H_1 &= H_A + D_1 \times i = [50.000 + 20 \times (-0.01)]\text{m} = 49.800\text{m} \\ H_2 &= H_A + D_2 \times i = [50.000 + 40 \times (-0.01)]\text{m} = 49.600\text{m} \\ H_3 &= H_A + D_3 \times i = [50.000 + 60 \times (-0.01)]\text{m} = 49.400\text{m} \\ H_4 &= H_A + D_4 \times i = [50.000 + 80 \times (-0.01)]\text{m} = 49.200\text{m} \end{aligned}\right\} \quad (2\text{-}26)$$

(3) 安置水准仪于已知水准点 BM1（高程为 50.500m）附近，后视其上的水准尺，得中丝读数 $a=1.456\text{m}$，计算仪器的视线高 $H_i=H_1+a=(50.500+1.456)\text{m}=51.956\text{m}$，再根据各点的设计高程计算出测设各点时的测设数据：$b_{应}=H_i-H_{设}$。具体为

$$b_A = H_i - H_A = (51.956 - 50.000)\text{m} = 1.956\text{m}$$

$$b_1 = H_i - H_1 = (51.956 - 49.800)\text{m} = 2.156\text{m}$$

$$b_2 = H_i - H_2 = (51.956 - 49.600)\text{m} = 2.356\text{m}$$

$$b_3 = H_i - H_3 = (51.956 - 49.400)\text{m} = 2.556\text{m}$$

$$b_4 = H_i - H_B = (51.956 - 49.280)\text{m} = 2.676\text{m}$$

将水准尺分别贴靠在各木桩的侧面，上下移动尺子，直至尺读数为 $b_{应}$ 时，在尺底部紧靠木桩侧壁处画一横线，即得各点的测设位置，该坡度线 AB 便标定在地面上了。

2. 倾斜视线法

设地面上 A 点高程已知为 $H_A=63.121\text{m}$，如图 2-27 所示，现要从 A 点沿 AB 方向敷设一条为-1%的坡度线。

首先，根据设计的坡度按 AB 的水平距离 D 计算 B 点的设计高程。

$$H_B = H_A + D_{AB} \times i$$

设 AB 的水平距离 D 为 80m，则

$$H_B = H_A + D_{AB} \times i = [63.121 + 80 \times (-0.01)]\text{m} = 62.321\text{m}$$

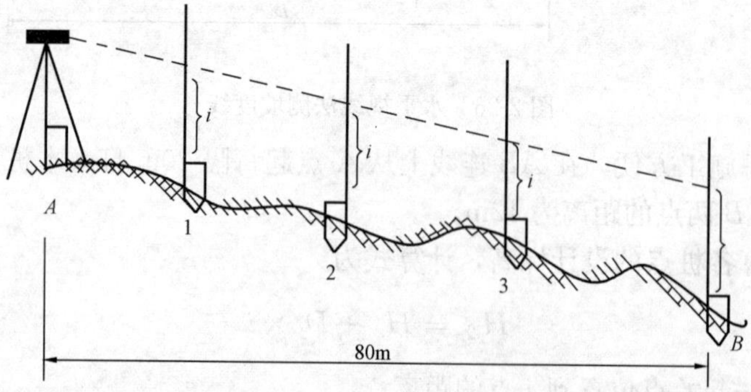

图 2-27 倾斜视线法

用水准仪按照测设已知高程点的方法在 B 点将设计高程测设于 B 桩顶上，然后将经纬仪安置在 A 桩上，使经纬仪的一个脚螺旋位于 AB 方向线上，其余两脚螺旋的连线垂直于 AB 线。量取仪高 $i=1.510$m。使望远镜对准立于 B 桩点上的水准尺，调整望远镜的仰角使 B 尺上的中丝读数为 $i=1.510$m，形成一固定方向线。此时仪器的视线方向即平行于设计坡度线。在 AB 线之间打下 1、2、3 木桩，称为中间点，使其桩顶上水准尺的读数都是 1.510m，即读数等于仪器高 i，则各桩顶的连线就是要测设的设计坡度线。坡度较大时，如果测设时使桩顶高程正好等于设计高程有困难，可以使桩顶高程与设计高程差一整分米值，并将其差值标注在桩上。

第3章 角 度 测 量

3.1 角度测量原理

角度测量是测量的基本工作之一。建筑施工中，为了确定点的平面位置和高程，常需要测量水平角和竖直角。

◎水平角的测量原理

地面上一点到两个目标点的方向线垂直投影到水平面上的夹角，称为水平角。如图 3-1 所示，设 A、B、C 是三个位于地面上不同高程的任意点，B_1A_1、B_1C_1 为空间直线 BA、BC 在水平面上的投影，B_1A_1 与 B_1C_1 的夹角 β 即为地面点 B 上由 BA、BC 两方向线构成的水平角。

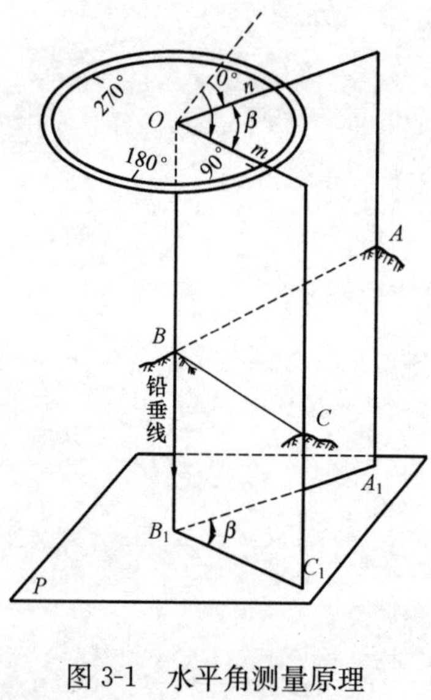

图 3-1 水平角测量原理

为了测量水平角 β，可以设想在过 B 点的上方水平地安置一个带有顺时针刻画、注记的圆盘，称为水平度盘，并使其圆心 O 在过 B 点的铅垂线上，直线 BC、BA 在水平度盘上的投影为 Om、On；这时，若能读出 Om、On 在水平度盘上的读数 m 和 n，水平角 β 就等于 m 减 n，用公式表示为

$$\beta = \text{右目标读数 } m - \text{左目标读数 } n$$

由此可知，用于测量水平角的仪器必须有一个能安置水平、并且能使其中心处于过测站点铅垂线上的水平度盘；必须有一套能精确读取度盘读数的读数装置；还必须有一套不仅能上下转动成竖直面，还能绕铅垂线水平转动的望远镜，以便于精确照准方向、高度、远近不同的目标。

水平角的取值范围为 0°～360°。

◎竖直角的测量原理

竖直角（倾斜角或竖角）是指在同一竖直面内，一点到目标的方向线与水平线的夹角，用 α 表示。如图 3-2 所示，竖直角分为两种，即仰角和俯角：夹角在水平线之上为“正”，称为仰角，如 α_A；夹角在水平线之下为“负”，称为俯角，

如 α_B。竖直角值为$-90°\sim+90°$。

竖盘是指在过 O 点的铅垂面上，装置一个垂直圆盘，使其中心过 O 点。操作仪器使过地面目标直线 OA 的竖直面与竖盘平行，则直线 OA 方向与水平方向在竖盘上的投影所夹的角即为 OA 方向的竖直角，其角值用该两方向的度盘读数之差计算。由于在此两方向中必有一个方向为水平方向，所以设计经纬仪时，提供了此水平方向为固定方向，将其竖直度盘读数在视线水平的情况下，固定为90°的整数倍。因此在实际测竖直角时，只需观测目标点的一个方向值，便可计算出目标方向的竖角。

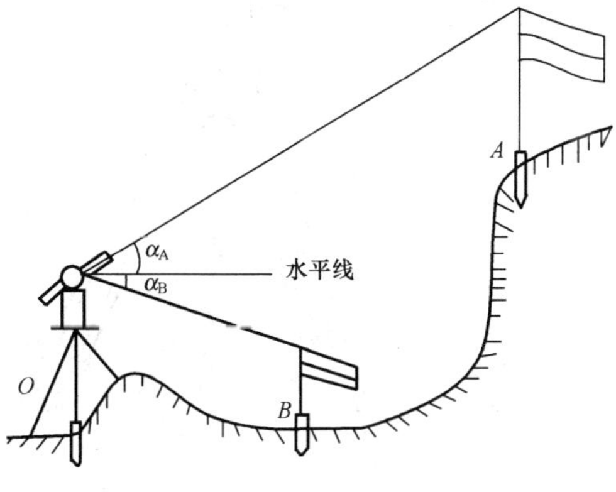

图 3-2 竖直角测量原理

3.2 经纬仪的使用

经纬仪的使用主要包括安置经纬仪、瞄准和读数等工作。

◎安置经纬仪

1. 对中

对中的目的是使仪器度盘中心与测站在同一铅垂上，其步骤包括：

(1) 将三脚架张开，拉出伸缩腿，把固紧螺栓旋紧，架在测站上，使其高度适中，架头大致水平，在连接螺旋下方挂一垂球，两手握住脚架移动（保持架头大致水平），使垂球尖基本对准测站，将三脚架三腿踩紧，使其稳定。

(2) 装上经纬仪，旋上连接螺旋，检查对中情况，如果相差不大（1～2cm)，稍松开连接螺旋，双手扶基座，在架头上移动仪器，使垂球尖精确对准测站点，挂垂球的线长要调节合适，如图 3-3 所示。正确使用垂球线调节板，并使垂球尽量接近测站点，利于垂球对中误差一般应小于 3mm。如果没有挂垂球线调节板或丢失，可用其他较结实的细绳，按图 3-4 的打结方法，则垂球线也可拉长或缩短。

(3) 使用光学对中器精确对中，具体步骤包括：

1) 悬挂垂球对中。

2) 仪器应粗略整平，调脚螺旋使圆水准器的气泡居中。由于用光学对中器对准地面时，仪器的竖轴必须竖直。如图 3-5 (a) 所示仪器未粗平，光学对中器的镜筒是倾斜的，此时无法精确对中，只有当粗平后，如图 3-5 (b) 所示，才可使用光学对中器精确对中。

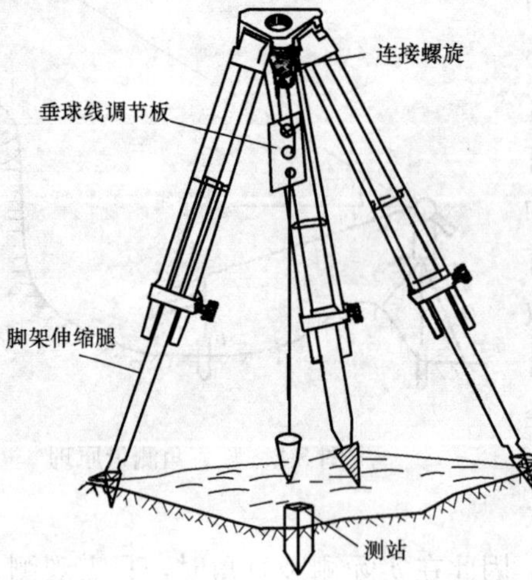

图 3-3　三脚架及垂球线调节板

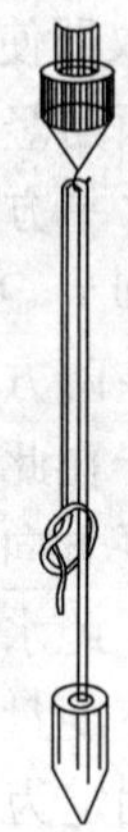

图 3-4　自制垂球线

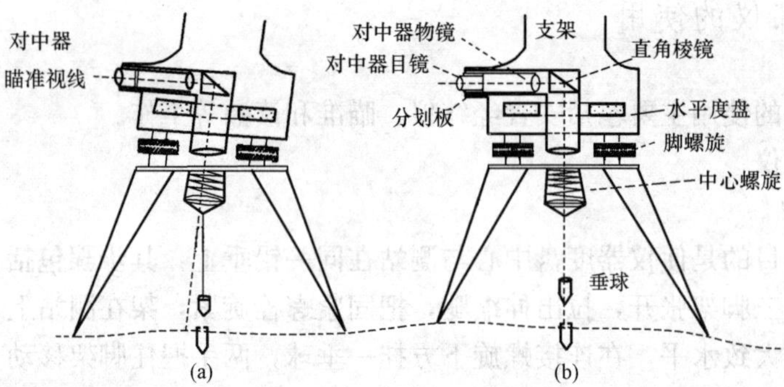

图 3-5　光学对中器精确对中

(a) 未粗平；(b) 粗平后

3）旋转光学对中器的目镜使分划板的刻划圈清晰，再推进或拉出对中器的目镜管，使地面点标志成像清晰。稍微松开中心连接螺旋，在架头上平移仪器（尽量做到不转动仪器），直到地面标志中心与刻划圆圈中心重合，最后旋紧连接螺旋。检查圆水准器是否居中，然后再检查对中情况，反复进行调整，从而保证对中误差不超过 1mm。

2. 整平

整平的目的是使水平度盘水平，即竖轴铅垂。整平包括两项，即粗平（粗略整平）与精平（精确整平）。它们都是通过调节脚螺旋来完成的，这一点与水准仪是不同的。

粗平：首先调节脚螺旋大致等高，然后再转动脚螺旋使圆水准器的气泡居中，操作方法与水准仪相同。

精平：首先转动照准部，使照准部上水准管与任一对脚螺旋的连线平行，两手同时向内或向外转动脚螺旋 1 和 2［图 3-6（a）］，使水准管气泡居中。气泡运动方向与左手大拇指运动方向一致，然后将照准部旋转 90°，如图 3-6（b）所示，使水准管处于 1、2 两脚螺旋的连线的垂直线上，转动第 3 个脚螺旋，使水准管的气泡居中。再转回原来的位置，检查气泡是否居中，如果不居中，可按上述步骤反复进行，一般至少要反复做两遍［从图 3-6（a）～（b）算为一遍］，此两个位置气泡都居中，其他任何位置气泡必居中，否则，水准管本身有误差，需校正。整平要求气泡偏离量，最大不应超过 1 格。

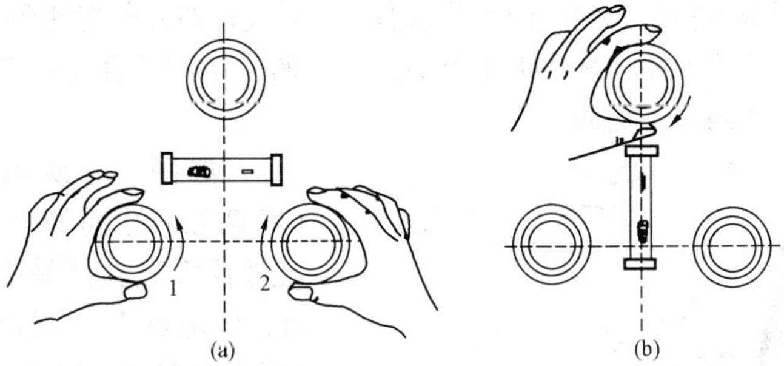

图 3-6 水准管精平操作

◎**瞄准**

瞄准是指望远镜十字丝中交点精确照准目标。瞄准首先是目镜调焦，把望远镜对着明亮的背景，转动目镜调焦螺旋，使望远镜十字丝成像清晰；再进行粗略瞄准，松开经纬仪的水平和竖直制动螺旋，转动望远镜，通过粗瞄准器照准目标的底部，调整物镜调焦螺旋，使目标成像清晰，如图 3-7 所示，拧紧水平和竖直制动螺旋；调整水平和竖直微动螺旋，使单根十字丝竖丝与目标中线重合，双根十字丝竖丝夹准目标，十字丝的中丝与目标点相切。

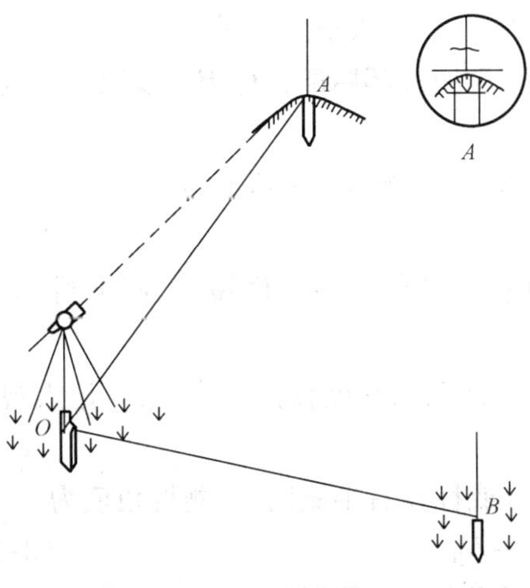

图 3-7 目标照准

◎**读数**

读数时首先调节反光镜，使读数窗明亮，其次调节读数显微镜的目镜螺旋，使刻划数字清晰，认清度盘刻划的形式。读数指标就是分微尺的 0

刻划，先读度数，由小到大读数。加上度盘分划落在分微尺相应的分值（也是从小到大读），再加上估读的不足1′的秒值。注意分微尺注记的1，2，3，4，5，6分别表示10′，20′，30′，40′，50′，60′。

3.3 水平角观测

建筑施工中，常用的水平角的测量方法有测回法和方向观测法。

◎测回法

测回法适用于观测两个照准目标之间的单角。此方法要用盘左和盘右两个位置进行观测，观测时目镜朝向观测者。如果竖盘位于望远镜的左侧，称为盘左；如果竖盘位于望远镜的右侧，则称为盘右。通常先以盘左位置测角，称为上半测回；再用盘右位置测角，称为下半测回。上下两个半测回合在一起称为一测回。有时水平角需观测多个测回。

图 3-8 测回法观测示意图

如图 3-8 所示，测量 OA、OB 两方向之间的水平角 β，先将经纬仪安置在测站点 O 上，并在 A、B 两点上分别设置照准标志（竖立花杆或测钎），由于水平度盘是顺时针注记，因此在选取起始方向（零方向）时，应正确配置起始读数。其观测方法和步骤包括：

（1）使仪器竖盘位于望远镜左边（称盘左或正镜），照准起始目标 A，按置数方法配置起始读数，读取水平度盘读数为 $a_{左}$，记入观测手簿。

（2）松开水平制动螺旋，顺时针方向转动照准部照准目标 B，读取水平度盘读数为 $b_{左}$，记入观测手簿。

以上两步骤称为上半测回（或盘左半测回），测得水平角值为

$$\beta_{左} = a_{左} - b_{左} \tag{3-1}$$

（3）纵转望远镜，使竖盘处于望远镜右边（称盘右或倒镜），照准目标 B，读取水平度盘读数为 $b_{右}$，记入观测手簿。

（4）逆时针转动照准部，照准目标 A，读取水平度盘读数为 $a_{右}$，记入观测手簿。

以上（3）、（4）两步骤称为下半测回（或称盘右半测回），测得角值为

$$\beta_{右} = a_{右} - b_{右} \tag{3-2}$$

上、下两个半测回合称为一个测回，当两个“半测回”角值之差不超过限差

（规范规定不应超过 36″）要求时，取其平均值作为一测回观测成果，即

$$\beta = \frac{1}{2}(\beta_{左} + \beta_{右}) \tag{3-3}$$

为了提高观测精度，通常需要观测多个测回；为了减弱度盘分划误差的影响，各测回应均匀分配在度盘的不同位置进行观测。如果要观测 n 个测回，则每测回起始方向读数应递增 $180°/n$。若需要观测 3 个测回时，每测回应递增 180°/3－60°，即每测回起始方向读数应依次配置在 00°00′、60°00′、120°00′或稍大的读数处。各测回角值之差称为“测回差”，规范规定不应超过 36″。当测回差满足限差要求时，取各测回平均值作为本测站水平角观测成果。表 3-1 为测回法两个测回的记录、计算格式。

表 3-1　　水平角观测手簿（测回法）

测站	测回	竖盘位置	目标	不平度盘读数 (° ′ ″)	半测回角值 (° ′ ″)	一测回角值 (° ′ ″)	各测回平均角值 (° ′ ″)	备汴
O	1	左	A	0 03 16	89 30 12	89 30 15	89 30 21	
			B	89 33 28				
		右	A	180 03 22	89 30 18			
			B	269 33 40				
O	2	左	A	90 03 30	89 30 30	89 30 27		
			B	179 34 00				
		右	A	270 03 22	89 30 24			
			B	359 33 46				

表中两个半测回角值之差及各测回角值之差均不超过限差。

◎方向观测法

测回法适用两个方向观测，当一个测站上需测量的方向多于两个方向时，应采用方向观测法。如图 3-9 所示，O 测站有 4 方向，每半测回都以选定的起始方向 A 开始观测，依次观测（盘左顺时针观测、盘右逆时针观测）各个目标后，最后再次观测起始方向 A，起始方向 A 称为零方向，此项操作称为归零，归零是指回归至零方向，以检查水平度盘是否有变动以及控制瞄准误差等观测误差，这种观测法称为全圆方向观测法（或称全圆测回法）。但是，当测站上仅 3 个方向数，也可以不归零。以下介绍全圆方向观测法的步骤及表格计算。

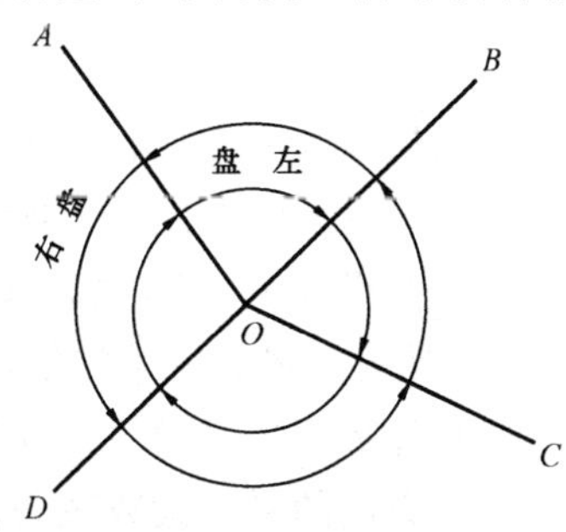

图 3-9　方向观测法示意

1. 观测步骤

(1) 经纬仪安置在 O 点上，对中整平。先盘左位置，瞄准起始方向 A，水平度盘配置为 $0^\circ01'$，本例实际读数为 $0^\circ01'16''$，记入表 3-5 相应栏。

(2) 顺时针方向转动照准部，依次瞄准 B，C，D 各点，如图 3-9 所示，分别读取水平度盘读数，记入手簿相应栏。

(3) 顺时针方向转动照准部再次瞄准起始方向 A，读取读数为 $0^\circ01'24''$，记入手簿相应栏。归零差是指两次起始方向的读数差。半测回的归零差 J_6 级仪器允许为 18″，见表 3-2。本例上半测回归零差为 6″，否则应重测。

表 3-2　方向观测法限差规定

仪器级别	半测回归零	各测回内 2C 互差	同一方向各测回互差
J_2	12″	18″	12″
J_6	18″		24″

上述完成上半测回观测。

(4) 纵转望远镜成盘右位置，应逆时针方向转动照准部，依次瞄准 A，D，C，B，最后又回到 A 点，读数填入表中盘右纵栏，记录自下而上填写。下半测回同样也要检查归零差，若不符合要求应重测。

如果需观测多个测回，各测回间水平度盘变换仍按 $180^\circ/n$ 计算。

2. 计算步骤

(1) 计算两倍的视准差（2C），即

$$2C = \text{盘左读数} - (\text{盘右读数} \pm 180^\circ) \tag{3-4}$$

把 2C 值填入表格中的 2C 列。

当盘右读数大于 180°，上式中取“−”号，当盘右读数小于 180°，上式中取“+”号。

一测回内各方向 2C 的互差如果超过表 3-3 的规定，应重测。对于 J_6 级仪器可以不检查 2C 的互差，但 2C 互差也不能相差太大。

(2) 计算各方向的平均读数：

$$\text{平均读数} = \frac{1}{2}[\text{盘左读数} + (\text{盘右读数} \pm 180^\circ)] \tag{3-5}$$

计算的结果填入相应栏。

由于起始方向有两个平均读数，即 $0^\circ01'24''$ 与 $0^\circ01'30''$，将这两个平均读数再取平均值得 $0^\circ01'27''$，填入表中相应位置，并加括号，即 $(0^\circ01'27'')$，表示第 1 测回起始方向最后的平均值，第 2 测回起始方向最后的平均值分是 $90^\circ00'14''$。

(3) 计算归零方向值。归零方向值是指将起始方向化为 $0^\circ00'00''$ 后的各方向值。将各方向的平均读数减去括号的起始方向的平均值，即得各方向的归零方向值，填入表中相应栏。

（4）计算各测回归零方向值的平均值。首先检查各测回之间同一方向归零方向值相差是否超限，J_6 级光学经纬仪规定为 24″，J_2 级规定为 12″。如果超限应重测，如果未超限，就可计算各测回归零方向的平均值，填入表中最后一栏。

表 3-3　　方向观测法记录手簿

测站	目标	水平度盘读数		2C=L−R±180°（″）	平均读数=$\frac{1}{2}$(L+R±180°)（° ′ ″）	一测回归零方向值（° ′ ″）	各测回归零方向平均值（° ′ ″）
		盘左（° ′ ″）	盘右（° ′ ″）				
O 第1测回	A	0 01 16	180 01 28	−12	(0 01 27) 0 01 22	0 00 00	0 00 00
	B	95 48 46	275 48 52	−06	95 48 49	95 47 22	95 47 33
	C	157 33 04	337 33 10	−6	157 33 07	157 31 40	157 31 38
	D	218 07 28	38 07 16	+12	218 07 22	218 05 55	218 05 58
	A	0 01 22	180 01 34	−12	0 01 28		
O 第2测回	A	90 00 00	270 00 18	−18	(90 00 14) 90 00 09	0 00 00	
	B	185 47 52	5 48 04	−12	185 47 58	95 47 44	95 47 38
	C	247 31 52	87 31 46	+06	247 31 49	157 31 35	157 31 33
	D	308 06 10	128 06 22	−12	308 06 16	218 06 02	218 06 00
	A	90 00 11	270 00 22	−12	90 00 16		

◎**水平角观测要点**

（1）仪器要安稳。二脚架连接螺旋要旋紧、三脚架尖要插入土中或地面缝隙，仪器由箱中取出放在三脚架首上，要立即旋紧连接螺旋，仪器安好后，手不得扶或摸三脚架，人不得离开仪器近旁，更要注意仪器上方有无落物，强阳光下要打伞。

（2）对中要精确。边越短越要精确，通常不应大于 1mm。

（3）标志要明显。边较长时要用三脚架吊线坠、边短时可直立红铅笔。

（4）操作要正确。要用十字双线夹准目标或单线平分目标，并注意消除视差，使用离合器仪器时要注意按钮的开关位置，使用变位器仪器时，要注意旋钮的出入情况，读数时要认清度盘与测微器上的注字情况。

（5）观测要校核。在测角、设角、延长直线、竖向投测等观测中，均应盘左盘右观测取其平均值，这样校核的好处是：

1）能提高观测精度。

2）能发现观测中的错误。

3）能抵消仪器 $CC\perp HH$、$HH\perp VV$ 的误差，但不能抵消 $LL\perp VV$ 的误差，

为解决此项误差应采取等偏定平的方法安置仪器。

4）在使用 J6 级经纬仪时，能抵消度盘偏心差。

（6）记录要及时。每照准一个目标、读完一个观测值，要立即做正式记录，避免遗漏或次序颠倒。

3.4　竖直角观测

本节主要介绍竖直角测量的原理、读数方法及度盘指标差。

◎竖直角测量原理

竖角（又称竖直角、垂直角）是指同一竖直面内倾斜视线与水平线的夹角，如图 3-10 所示，视线 *OB* 在水平线以上，形成仰角，其符号为正；视线 *OA* 在水平线以下，形成俯角，其符号为负。竖角一般用 α 表示，其值从 0°→±90°。

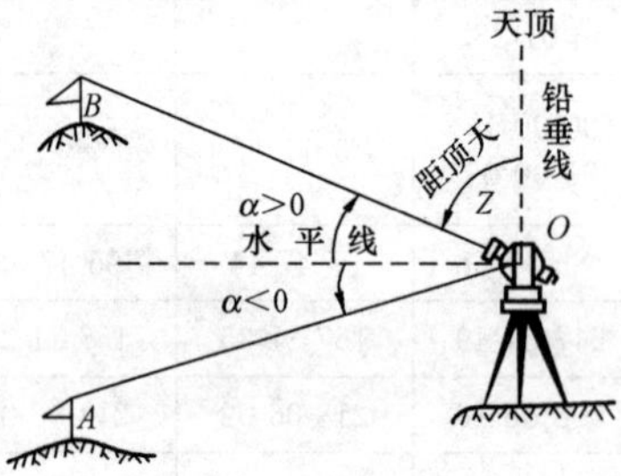

图 3-10　竖角概念

“天顶距”是与竖角有关的一个概念，天顶距是同一竖直面内倾斜视线与铅垂线的夹角。从天顶上方向下计算，角值从 0°→180°。在电子经纬仪的竖直角测量时有天顶距测量与竖角测量的不同设置。

竖角与水平角一样，其角值也是度盘上两个方向的读数差，不同的是两个方向中有一个方向是水平方向。由于经纬仪构造设定，当视线水平时，其竖盘读数均为一个固定的值，为 0°、90°、180°、270°四个数值中的一个。因此，观测竖角时，只需观测目标点一个方向，并读取竖盘读数便可算得目标的竖角值。

◎竖盘读数方法

竖盘读数和竖直角计算是随度盘注字形式而异。以逆时针注字的度盘为例，如图 3-11 所示，当正镜视线水平时，指标读数为 90°，倒镜时，指标读数为 270°，如图 3-12 所示。

由图 3-11、图 3-12 可知：

$$\alpha_{正} = L - 90° \tag{3-6}$$

$$\alpha_{倒} = 270° - R \tag{3-7}$$

◎度盘指标差

由于度盘偏心或水准管轴不垂直于指标线的影响，度盘读数存在指标差。检验方法是：先以正镜、指标读数为 90°时，照准远处一目标。之后再倒镜照准远处目标，这时若指标读数为 270°，说明指标差为 0，若偏离 270°，其偏移量为指标差的 2 倍。

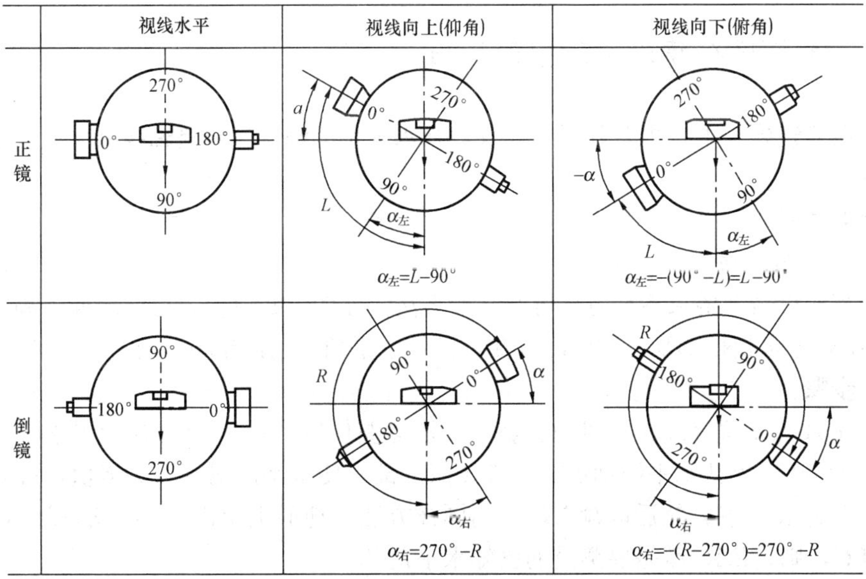

图 3-11 度盘读数与竖直角计算

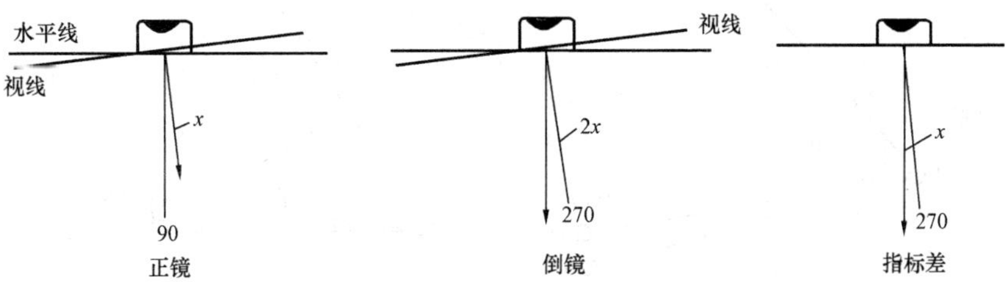

图 3-12 竖盘指标差

$$\text{指标差 } x = \frac{1}{2}(\alpha_{\text{正}} - \alpha_{\text{倒}}) \tag{3-8}$$

为控制测角的精度，规范对各级仪器的指标差或一测回指标差都有限差规定。如 DJ6 型为 25″，DJ2 型为 15″。在实际操作中采用正、倒镜，取其平均值，指标差可以消除。

$$\alpha = \frac{1}{2}(\alpha_{\text{正}} - \alpha_{\text{倒}}) \tag{3-9}$$

指标差对某台仪器是一个常数，要在初始读数中加一个指标差，那么视线将保持水平，也可校正指标水准管来消除误差。

3.5 经纬仪在建筑施工中的应用

在建筑施工中，主要利用经纬仪进行水平角度测设、建筑轴线测设以及倾斜观测等。

◎角度放样

1. 一般方法

当测设精度要求不高时，可用一般方法。如图 3-13（a），已知地面上固定方向 AB，要求根据 AB 方向顺时针测设已知水平角 β，定出 AC 方向。

步骤：

在 A 点安置经纬仪，对中、整平，取盘左位置照准 A 点，并配置水平度盘为 $0°00'00''$，松开水平制动螺旋，旋转照准部，使水平度盘读数为 β 值，并在此方向上定出 C' 点；然后取盘右位置用同样方法在地面上定出 C'' 点，取 C'、C'' 的中点 C，则 $\angle BAC$ 就是要测设的已知水平角 β。

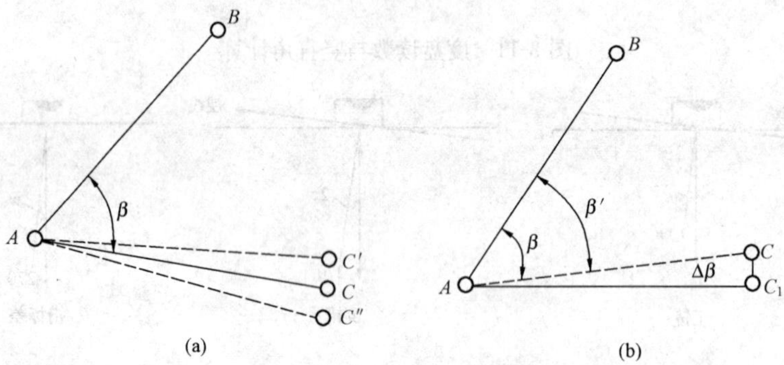

图 3-13 水平角度的测设

（a）测设水平角；（b）精密测设水平角

2. 精确方法

当测设水平角的精度要求较高时，可按以下步骤进行放样。

如图 3-13（b）所示，先按一般方法在地面定出 C_1 点，测设出 AC_1 方向。然后用测回法对 $\angle BAC$ 进行精确观测，测回数由测设精度要求确定，取各测回的平均值 β'，并计算出其与已知角度 β 的差值 $\Delta\beta=\beta'-\beta$，一般差值超过 $\pm 10'$ 时，则需调整 C_1 点的位置，定出测设点 C 点。调整时先依据 $\Delta\beta$ 和 AC_1 的水平距离计算改正距离 $C_1C= AC_1 \times \Delta\beta \div 206265''$，然后过 C_1 点作 AC_1 的垂线，从 C_1 点沿垂线方向量取 C_1C，定出 C 点，则 $\angle BAC$ 即为所测设的已知水平角 β。

注意：C_1C 的量取方向应是向内量还是向外量，取决于 $\Delta\beta$ 的正负号，正号则沿垂线向内量取，负号则沿垂线向外量取。

◎**建筑轴线投测**

在多层和高层建筑物的施工中，为了保证施工质量，一定要重点控制建筑物的竖向偏差，也就是说，施工测量的主要问题是如何精确地将轴线向上引测以确定出各楼层定位轴线的问题。施工规范规定，竖向误差在本层内不得超过 5mm，全楼的累积误差不得超过 20mm。

建筑物轴线的投测通常可以用经纬仪进行，施测时是将经纬仪安置在建筑物附近设立的轴线控制桩上进行竖向投测，称为经纬仪引桩投测法，也称经纬仪竖向投测法。

在建筑物平面定位之后，通常在地面标出建筑物的各轴线，并根据建筑物的施工高度和施工场地情况，在距离建筑物尽可能远的地方，引测轴线控制桩，用于后期施工的轴线引测。当基础工程完工后，便可利用轴线控制桩将各轴线精确地投测在建筑物基础底部，并作标记标定各投测点。然后随着建筑物施工高度的逐层升高，便可利用经纬仪逐层引测轴线。

如图 3-14（a）所示，CC'和 $33'$为某建筑物的中心轴线，C、C'、3 和 $3'$点为该两轴线在地面引测的轴线控制桩点，在基础工程施工完后，将经纬仪安置在控制桩 C 上，照准控制桩 C'点，用盘左、盘右在基础底部进行投测，并取其投测点的中点 b 作为向上引测的标记点，并标记于建筑物的基础侧面；同法得到 b'、a 和 a'标志点。同时将轴线恢复到基础面层上，施工人员根据轴线进行楼层施工，当施工完第一层之后，由于砌筑的墙体影响了轴线控制桩间的相互通视，因此用经纬仪进行轴线引测时，一定要依据基础侧面投测的标记将轴线由基础底部投测到各楼层面上，具体投测过程为：将经纬仪分别安置在 CC'和 $33'$轴的各控制桩点上，照准基础底部侧面的标志 b、b'、a 和 a'，用盘左、盘右两个盘位向上投测到楼层楼板上，并取其中点作为该层中心轴线的投影点，如图 3-14 中的 b_1、b_1'、a_1 和 a_1'，b_1b_1'和 a_1a_1'两线的交点 O，即为该层轴线点的投影中心，随着建筑物的逐层升高，便可将轴线点逐层向上引测。

当楼层逐渐增高，而轴线控制桩距离建筑物又较近时，望远镜的仰角将较大，这样操作非常不方便，同时投测精度也将随仰角的增大而降低。此时，应将原定位轴线控制桩引测到距离建筑物更远的安全地方，或者附近大楼的屋顶上。具体操作为：将经纬仪安置于某楼层已投测好的中心轴线的交点处，照准原有的轴线控制桩 C、C'、3 和 $3'$点，将轴线重新引测到远处或附近大楼的屋顶上，如图 3-14（b）中的 C_1 和 C_1'，即为新的 CC''轴的控制桩点，更高的各层中心轴线的引测，可将经纬仪安置在新的引桩上，按以上相同的操作继续进行，如图中的 b_{30}和 b'_{30}点便是该建筑物第 30 层上 CC'轴引测的中心投影点，同法可引测到 $33'$轴的中心投影点 a_{30}和 a'_{30}，两引测轴线的交点即为该层的轴线投测中心。

投测时，经纬仪一定要经过严格校验才能使用，为了减小外界条件的不利影

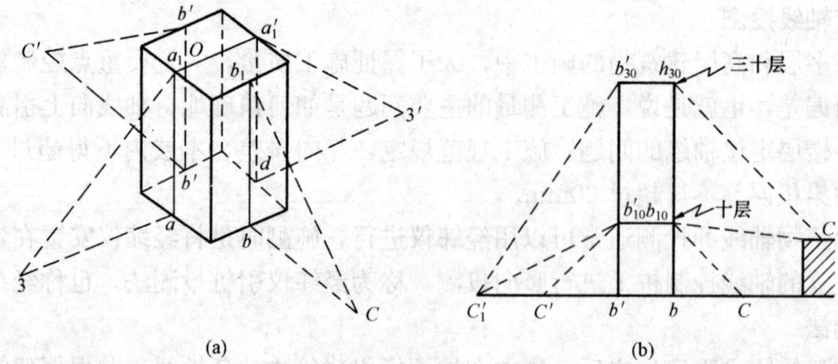

图 3-14 建筑物轴线投测

响，投测工作应在阴天且无风天气进行。

◎**倾斜观测**

1. 建筑物的倾斜观测

进行倾斜观测之前，首先应在待观测建筑物的两个相互垂直的墙面上各设置上、下两个观测标志，两点应在同一竖直面内。如图 3-15 所示，在距离建筑物高度 1.5 倍的地方确定一固定观测站，在建筑物顶部确定一点 M，称为上观测点，在测站上对中、整平安置经纬仪，通过盘左、盘右分中投点法定出 M 点在建筑物室内地坪高度处的投测点 M，称为下观测点。

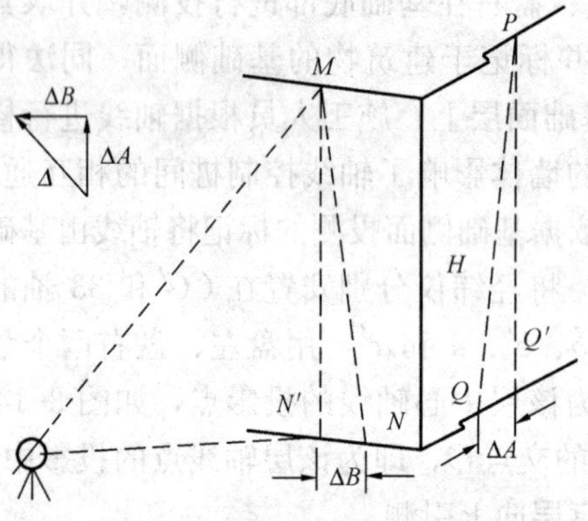

图 3-15 建筑物的倾斜观测

用同样的方法在同一观测时间内，在与原观测方向垂直的另一方向上，定出另一固定测站，同法确定该墙面的上观测点 P 和下观测点 Q。间隔一段时间后，分别在两固定观测站上，安置经纬仪，照准各面的上部观测点，投测出 M、P 点的下测点Ⅳ′和 Q'，如果点Ⅳ′与Ⅳ、点 Q' 与 Q 不重合，则说明该建筑物已发生了倾斜。Ⅳ′与Ⅳ、Q' 与 Q 之间的水平距离即为该建筑物两面的倾斜值，用钢尺量出 $N'N$ 与 $Q'Q$ 的水平距离分别为 $b=\Delta B$，$a=\Delta A$，根据图 3-15 中矢量图，计算出建筑物的总倾斜量 Δ 为

$$c = \Delta = \sqrt{a^2 + b^2} \tag{3-10}$$

若建筑物的高度为 H，则建筑物的总倾斜度为

$$a = c/H \tag{3-11}$$

2. 塔式构筑物的倾斜观测

对水塔、电视塔等塔式高耸构筑物的倾斜观测，是在相互垂直的两个方向上测定其顶部中心对底部中心的偏心距，该偏心距即为构筑物的倾斜值。图 3-16 为一烟囱倾斜观测的示意。

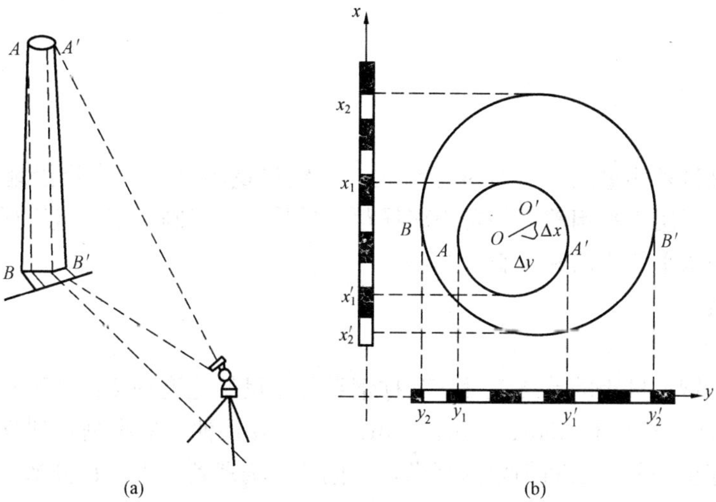

图 3-16 塔式构筑物的倾斜观测

在靠近烟囱底部所选定的方向横放一根标尺，如图 3-16（a），并在标尺的中垂线方向上，且距离烟囱的距离大于烟囱的高度的地方，安置经纬仪进行对中、整平，用望远镜分别照准烟囱顶部边缘两点 A、A'，锁住水平制动，松开竖直制动，将它们分别投测到标尺上，得读数分别为 y_1 和 y'_1；用同样方法，照准其底部边缘两点 B、B'，并投测到标尺上，得读数分别为 y_2 和 y'_2。如图 3-16（b）所示。则烟囱顶部中心 O 对底部中心 O' 在 y 方向上的偏心距为 $\delta_y=\frac{y_1+y'_1}{2}-\frac{y_2+y'_2}{2}$。同法，再将经纬仪与标尺安置于烟囱的另一垂直方向上，测得烟囱顶部和底部边缘在标尺上投点的读数分别为 x_1、x'_1、x_2、x'_2。则在 x 方向上的偏心距为 $\delta_x=\frac{x_1+x'_1}{2}-\frac{x_2+x'_2}{2}$。烟囱顶部中心 O 对底部中心 O' 的总偏心距 $\delta=\sqrt{\delta_x^2+\delta_y^2}$；烟囱的倾斜度为 $a=\delta/H$（H 为烟囱的高度）。

第 4 章　距离测量与直线定向

4.1　钢尺量距

距离测量是测量的三项基本工作之一。钢尺量距是用钢卷尺沿地面丈量距离，此方法适用于平坦地区的短距离量距，易受地形限制。钢尺量距根据不同地形可以分为水平量距法和倾斜量距法。

◎量距工具

1. 钢尺

钢尺是钢尺量距的首要工具，又称钢卷尺。尺的宽度约 10～15mm，厚度约 0.3～0.4mm，长度有 20m、30m、50m、100m 等几种。最小刻划到毫米，有的钢尺仅在零至一分米之间刻划到毫米，其他部分刻划到厘米。在分米和米的刻划处，注有数字注记。钢尺卷在圆形金属盒中或金属尺架内，有利于携带使用，如图 4-1 所示。

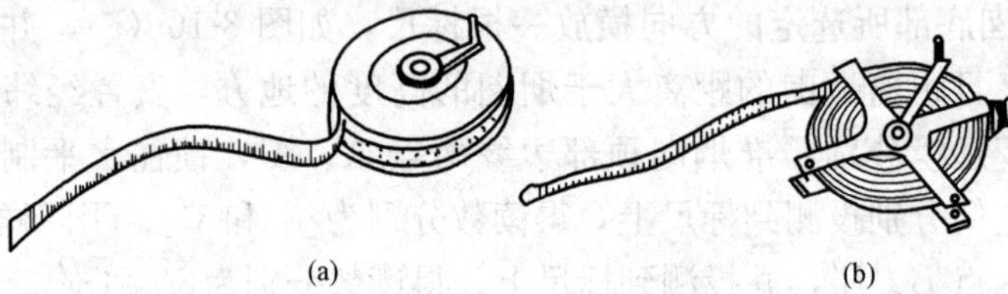

图 4-1　钢卷尺

(a) 钢尺卷在圆形金属盒内；(b) 钢尺卷在金属尺架中

钢卷尺由于尺的零点位置不同，有刻线尺和端点尺之分，如图 4-2 所示。刻线尺是在尺上刻出零点的位置；端点尺是以尺的端部、金属环的最外端为零点。

2. 钢尺量距的辅助工具

钢尺量距的辅助工具有测钎、标杆、垂球等。如图 4-3 所示，测钎也称测针，用直径 5mm 左右的粗钢丝制成，长 30～40cm，上端弯成环形，下端磨尖，通常以 11 根为一组，穿在铁环中，用来标定尺的端点位置和计算整尺段数；标杆又称花杆，直径 3～4cm，长 2～3m，杆身涂以 20cm 间隔的红、白漆，下端装有锥形铁尖，主要用于标定直线方向；在不平坦地面丈量时垂球用于将钢尺的端点垂直投影到地面。当进行精密量距时，还需配备弹簧秤和温度计，弹簧秤用于对钢尺施加规定的拉力，温度计用于测定钢尺量距时的温度，以便对钢尺丈量的距离施加温度改正，如图 4-4 所示。

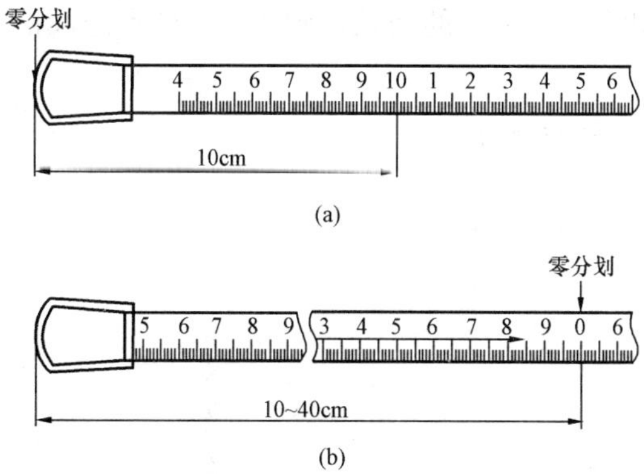

图 4-2　刻线尺和端点尺

（a）端点尺；（b）刻线尺

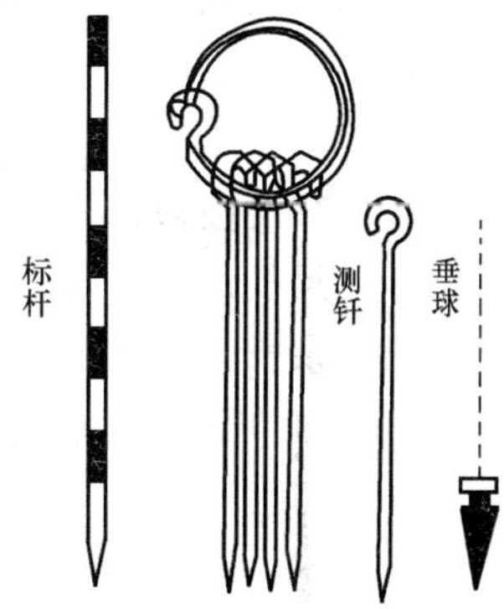

图 4-3　辅助工具

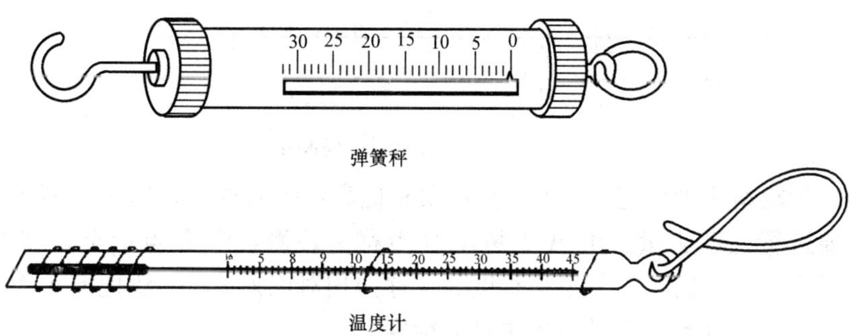

图 4-4　弹簧秤和温度计

◎钢尺量距方法

1. 平坦地面量距方法

（1）量距方法。如图 4-5 所示，要测量 A、B 两点之间的水平距离，应先在 A、B 外侧各竖立一根标杆，作为丈量时定线的依据，清除直线上的障碍物以后，即可开始丈量。丈量工作通常由两人进行，后尺手持钢尺零端，站在 A 点处，前尺手持钢尺末端并携带一组测钎（6 根或 11 根）沿丈量方向（AB 方向）前进，行至刚好为一整尺长处停下，拉紧钢尺。后尺手用手势指挥前尺手持尺左、右移动，使钢尺位于 AB 直线方向上。然后，后尺手将尺的零点对准 A 点，当两人同时将钢尺拉紧、拉稳时，后尺手发出“预备”口令，此时前尺手在尺的末端刻划线处，竖直地插下一测钎，并喊“好”，这样就量完了第一个整尺段。

接着，前、后两尺手将尺举起前进，同法，量出第二个整尺段，依次继续丈量下去，直至最后不足一整尺段的长度（称为余长，一般记为 q）为止。丈量余长时，前尺手将尺上某一整数分划对准 B 点，由后尺手对准第 n 个测钎点，并从尺上读出读数，两数相减，即可求得不足一尺段的余长，则 A、B 两点之间的水平距离为

$$D_{AB} = nl + q \tag{4-1}$$

式中 n——整尺段数；

l——尺长；

q——余长。

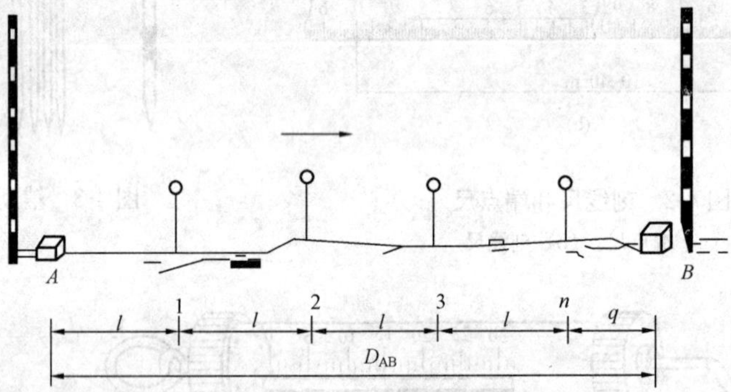

图 4-5 平坦地面的距离测量

（2）量距精度的评定。为了避免错误和提高量距的精度，通常对距离测量工作一定要进行往返丈量。由 A 点量至 B 点称为往测，由 B 点量至 A 点称为返测，往返丈量长度的较差与平均长度之比称为相对误差 k，一般把 k 化为一个分子为 1 的分数，以此来衡量距离丈量的精度。

计算如下：

$$\overline{D} = \frac{1}{2}(D_{往} + D_{返}) \tag{4-2}$$

$$\Delta D = |D_{往} - D_{返}| \tag{4-3}$$

则

$$k = \frac{\Delta D}{\overline{D}} = \frac{1}{M} \tag{4-4}$$

其中

$$M = \frac{\overline{D}}{\Delta D}$$

通常情况下，在平坦地区进行钢尺量距，其相对误差不应超过 1/3000，在量距困难的地区，相对误差也不应大于 1/1000。如果符合要求，应取往返测量的平均长度作为观测结果。如果超过该范围，应分析原因，重新进行测量。

2. 倾斜地面量距方法

(1) 平量法

如图 4-6 所示，如果地面高低起伏不平，可将钢尺拉平丈量。丈量由 A 向 B 进行，后尺手将尺的零端对准 A 点，前尺手将尺抬高，并且目估使尺水平，用垂球尖将尺段的某一分划投影于 AB 方向线的地面上，再插以测钎进行标定，并记下此分划读数。依次进行，丈量 AB 的水平距离。一直量到终点 B。则 AB 两点间的平距 D 为

$$D = L_1 + L_2 + \cdots + L_n \tag{4-5}$$

L_i 可以是整尺长，当地面坡度较大时，也可以是不足一整尺的长度。

如果地面倾斜较大，将钢尺整尺拉平有困难时，可将一尺段分成几段来平量。

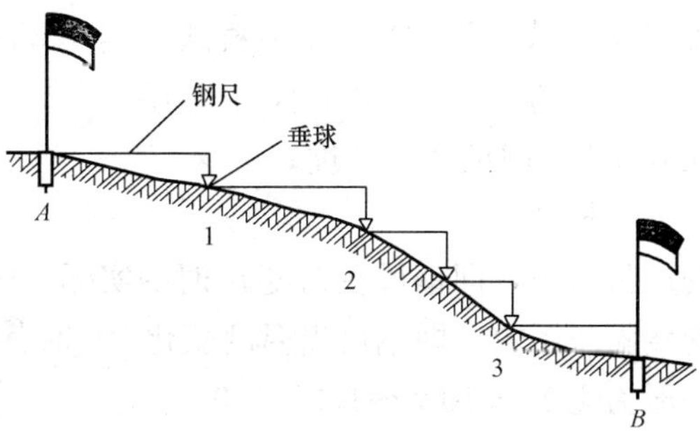

图 4-6 平量法

(2) 斜量法

当倾斜地面的坡度比较均匀时，如图 4-7 所示，可沿斜面直接丈量出 AB 的倾斜距离 D'，测出地面倾斜角 α 或 AB 两点间的高差 h，计算 AB 的水平距离 D。

$$D = D'\cos\alpha \tag{4-6}$$

或

$$D = \sqrt{D'^2 - h^2} \tag{4-7}$$

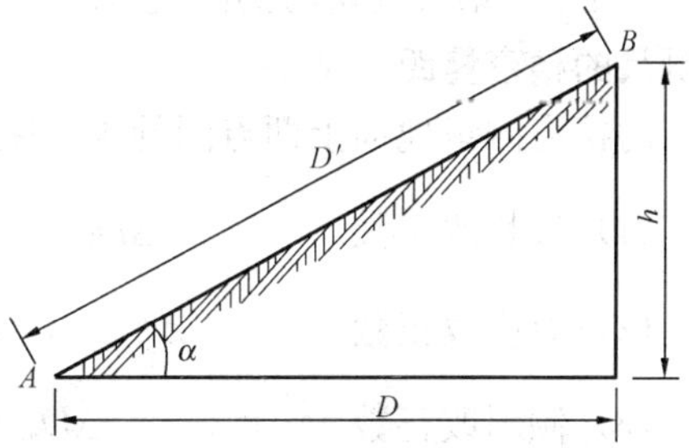

图 4-7 斜量法

◎**钢尺的检定**

钢尺尺面上的注记长度（如 30m、50m 等）称为名义长度。由于材料质量、制造误差和使用中变形等因素的影响，使钢尺的实际长度与名义长度常不相等。我国计量法实施细则中规定：任何单位和个人不准在工作岗位上使用无检定合格印、证或超过检定周期以及经检定不合格的计量器具。

钢尺是测量的主要器具之一，为了保证量距成果的质量，钢尺应定期进行检定，求出钢尺在标准拉力和标准温度下的实际长度，以便对量距结果进行改正。

1. 钢尺检定方法

钢尺检定应送设有比长台的测绘单位或计量单位检定，将被检钢尺与标准尺并排铺在平台上，对齐两尺末端分划并固定。用弹簧秤加标准拉力拉紧两尺，在零分划线处读出两尺长度之差数，从而求出被检尺的实际长度和尺长方程式。

2. 钢尺尺长方程式

我国钢尺检定规程中规定，检定钢尺的标准温度 t_0 为＋20℃，30m 钢尺施加标准拉力为 100N（即 10kg）。设某钢尺名义长为 l_0，经检定后可知，该尺在标准温度和标准拉力下，其实际长为 l，则尺长改正 Δl，$\Delta l=l-l_0$。

钢尺在使用中，其实际长度 l 还随拉力和温度变化而改变，在拉力保持不变时，钢尺实际长度 l 是温度 t 的函数，描述钢尺在标准拉力条件下，实际长度 l 随温度 t 而变化的函数关系式，称钢尺尺长方程式，其一般形式为

$$l_t = l_0 + \Delta l + \alpha(t - t_0)l_0 \tag{4-8}$$

式中 l_t——钢尺在温度为 t 时的实际长度；

l_0——钢尺的名义长度；

Δl——钢尺的尺长改正，即钢尺在温度 t_0 时的实际长度与名义长度之差；

α——钢尺的线膨胀系数，即钢尺当温度变化 1℃时其 1m 长度的变化量，其值一般为 $1.15\times10^{-5}\sim1.25\times10^{-5}$；

t——钢尺使用时的温度（℃）；

t_0——钢尺检定时的温度（20℃）。

◎钢尺的精密量距

为精密测量地面上两点间的水平距离，应对测量结果进行以下改正计算：

（1）尺长改正数 $$\Delta D_l = -\frac{l_{名} - l_{实}}{l_{名}} \times D' = \frac{l_{实} - l_{名}}{l_{名}} \times D' \tag{4-9}$$

（2）温度改正数 $$\Delta D_t = \alpha\ (t - 20℃)\ D' \tag{4-10}$$

（3）倾斜改正数 $$\Delta D_h = -\frac{h^2}{2D'} \tag{4-11}$$

（4）改正数之和 $$\sum \Delta D = \Delta D_l + \Delta D_t + \Delta D_h \tag{4-12}$$

（5）实际距离 $$D = D' + \sum \Delta D \tag{4-13}$$

式中 $l_{名}$——钢尺名义长；

$l_{实}$——钢尺实长；

D'——名义距离；

α——钢尺线膨胀系数（一般取 0.000 012/℃）；

t——丈量时平均温度；

h——两点间高差。

◎钢尺量距的误差

1. 尺长误差

用未经检定的钢尺量距，则丈量结果含有尺长误差，这种误差具有系统积累性。即使钢尺经过检定，并在成果中进行了尺长改正，但是还会存在尺长的残余误差，因为一般尺长检定方法只能达到±0.5mm 的精度。通常量距可不作尺长改正，当尺长改正数大于尺长 1/10 000 时，应加尺长改正。

2. 温度变化的误差

虽然在丈量结果中进行了温度改正，但距离中仍存在因温度影响而产生的误差，这是因为温度计通常测定的是空气的温度，而不是钢尺本身的温度。夏季白天日晒导致钢尺的温度大大高于空气温度，相差可达 10℃以上，这个温差对于 30m 钢尺产生的误差将达到：$\alpha l \Delta t = 0.000\ 012 \times 30 \times 10\text{mm} = 3.6\text{mm}$。

3. 拉力大小会影响钢尺的长度

根据胡克定律，如果拉力误差为 50N，对于 30m 钢尺将会产生 1.7mm 的误差。因此在精密量距中应使用弹簧秤来控制拉力。

4. 尺子不水平的误差

直接丈量水平距离时，如果钢尺不水平，则会使所量的距离增长。对于 30m 钢尺，如果目估水平与实际两端高差达 0.3m 时，所产生的误差为：

$$\Delta D = 30\text{m} - \sqrt{30^2 - 0.3^2}\text{m} = 0.001\ 5(\text{即 } 1.5\text{mm})$$

5. 定线误差

定线时中间各点没有严格定在所量直线的方向上，所量距离不是直线而是折线，折线总是比直线长。对于 30m 长的钢尺，如果两端各向相对方向偏离直线 0.15m，则会使所量距离增长 1.5mm。

6. 钢尺垂曲和反曲的误差

在凹地或悬空丈量时，尺子由于自重而产生下垂的现象，称为垂曲。在凹凸不平地面丈量时，凸起部分将使尺子产生上凸现象，称反曲。此类误差与前述尺子不水平误差相似，但影响较大。

7. 丈量本身误差

丈量本身误差包括钢尺刻划对点误差、测钎安置误差和读数误差等。所有这些误差都是偶然误差，其值可大可小，可正可负。在丈量结果中会抵消一部分，但不能全部抵消，所以仍是丈量工作的一项主要误差来源。

◎钢尺量距的要点

（1）直：在丈量的两点间定线要直，以保证丈量的距离为两点间的直线距离。

（2）平：丈量时尺身要水平，以保证丈量的距离为两点间的水平距离。

（3）准：前后测手拉力要准（用标准拉力）、要稳。

（4）齐：前后测手动作配合要齐，对点与读数要及时、准确。

◎**钢尺的保养**

（1）防折：钢尺性脆易折，遇有扭结打环，应解开再拉，收尺不得逆转。

（2）防踩：使用时不得踩尺面，特别是在地面不平时。

（3）防轧：钢尺严禁车轧。

（4）防潮：钢尺受潮易锈，遇水后要用干布擦净，较长时间不使用时应涂油存放。

（5）防电：防止电焊接触尺身。

（6）保护尺面：使用时尺身尽量不拖地擦行以保护尺面，特别是尺面是喷涂的尺子。

◎**钢尺在建筑施工中的应用**

1. “3-4-5”法

（1）操作步骤。如图4-8所示，从AB直线上一点B向线外作垂线BP。

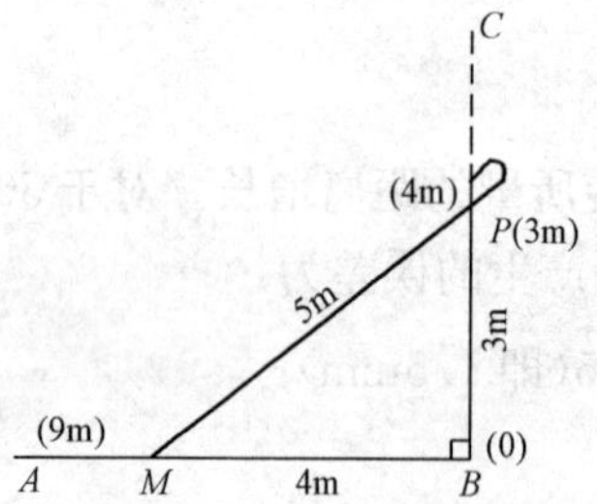

图4-8 “3-4-5法”

1）用钢尺由B点向A方向量4m，定出M点。

2）将钢尺零点对准B点，令9m刻划线对准M点，将尺身打一个环使4m与3m刻划线对齐，拉紧钢尺量出P点。

3）则BP即为AB的垂线。

（2）操作要点

1）以“4”为底，即已知方向上用“4”。当场地允许时，在3∶4∶5比例不变的条件下，尽量选用较大尺寸，如6∶8∶10等。

2）三边同用钢尺有刻划线的一侧，且三边同在一平面内、拉力一致。

3）两个直角边中，至少有一边尺身要水平。

2. 等腰三角形法

（1）操作步骤。如图4-9所示，从AC直线上一点B向线外作垂线，即：

1）用钢尺由B点分别向A方向与C方向量取等长度l定出M点与N点。

2）用钢尺分别从M点与N点，以$(1.4\sim2.0)l$的长度拉紧钢尺交出P点。

3）则BP即为AB的垂线。

（2）操作要点

1）A、M、B、N、C最好同在一水平线上，至少是在一条直线上。

2）三边（MN、NP、PM）同用钢尺有刻划线的一侧，且三边同在一平面内，拉力

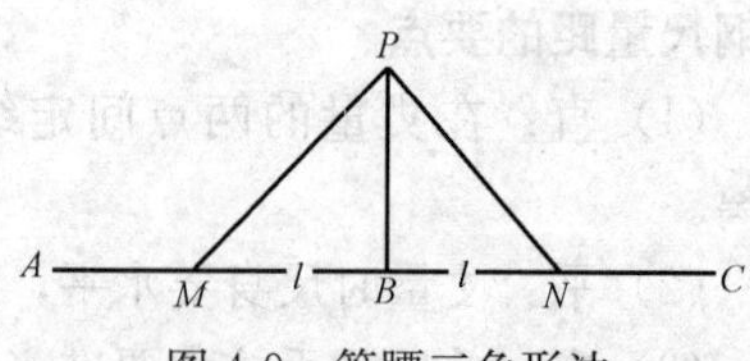

图4-9 等腰三角形法

一致。

◎**例题分析**

例题 1　A、B 的往测距离为 157.530m，返测距离为 157.580，则相对误差 K 是否符合精度要求？

解： $K=\dfrac{|157.530-157.580|}{157.555}=\dfrac{1}{3151}<1/2000$，所以符合要求。

例题 2　测量员 A 使用一钢尺丈量了 M、N 两点间的距离，丈量出 M、N 之间的距离为 49.868m。已知该钢尺的名义长度为 50.00m，钢尺检定温度为 20℃，此时整尺长的改正数为 0.002m，丈量时温度为 30℃，钢尺温度改正常数 $\alpha=0.000\ 011$，求 M、N 两点间的实际距离。

解：

(1) 尺长改正

$$\Delta D_l = L\frac{\Delta l}{l} = 49.868\times\frac{0.002}{50.000} = 0.001\ 99\text{m}$$

(2) 温度改正

$$\Delta D_t = L_\alpha(t-t_0) = 49.868\times 0.000\ 011\times(30-20) = 0.005\ 48\text{m}$$

则 M、N 两点间的实际距离为：

$$D = L+\Delta D_l+\Delta D_t = 49.868+0.001\ 99+0.005\ 48 = 49.875\text{m}$$

例题 3　钢尺丈量 A，B 的水平距离，往测为 375.31m，返测为 375.43m；丈量 CD 的水平距离，往测为 263.37m，返测为 263.47m，最后得 DAB、DCD 及它们的相对误差各为多少？哪段丈量的结果比较精确。

解：

(1) 水平距离

由 $D_{均}=\dfrac{D_{往}+D_{返}}{2}$ 得：

$AB:DAB=(375.31+375.43)\text{m}/2=375.37\text{m}$

$CD:DCD=(263.37+263.47)\text{m}/2=263.42\text{m}$

(2) 相对误差，由 $K=\dfrac{|D_{往}-D_{返}|}{D_{均}}=\dfrac{1}{\dfrac{D_{均}}{|D_{往}-D_{返}|}}$ 得：

$AB：KAB=(375.43-375.31)\text{m}/375.37\text{m}=1/312\ 8$

$CD：KCD=(263.47-263.37)\text{m}/263.42\text{m}=1/263\ 4$

$KAB<KCD$，故 AB 的丈量结果比较精确。

例题 4　一钢尺名义长 $l_0=30\text{m}$，实际长 $l_5=30.0025\text{m}$，检定温度 $t_0=20℃$，作业时的温度和场地坡度变化都不大，平均温度 $t=25.8℃$，尺段两端高差的平均值 $h=+0.272\text{m}$，量得某段距离往测长 $D_{往}=221.756\text{m}$，返测长 $D_{返}=$

221.704m，求其改正后平均长度及其相对误差。

解：一尺段尺长改正 $\Delta l_d=(30.0025-30.000)\text{m}=+0.0025\text{m}$

温度改正 $\Delta l_t=0.0000125\times(25.8-20.0)\times30.0\text{m}=0.0022\text{m}$

倾斜改正 $\Delta l_k=-\dfrac{0.272^2}{2\times30.0}\text{m}=-0.0012\text{m}$

三项改正之和 $\Delta l=(0.0025+0.0022-0.0012)\text{m}=+0.0035\text{m}$

往测长 $D_{往}$ 的改正数及往测长

$\Delta D_{往}=\dfrac{221.756}{30.0}\times0.0035\text{m}=+0.026\text{m}$，$D_{往}=(221.756+0.026)\text{m}=221.782\text{m}$

返测长 $D_{返}$ 的改正数及返测长

$\Delta D_{返}=\dfrac{221.704}{30.0}\times0.0035\text{m}=+0.026\text{m}$，$D_{返}=(221.704+0.026)\text{m}=221.730\text{m}$

改正后平均长

$$D=\frac{221.782+221.730}{2}\text{m}=221.756\text{m}$$

相对误差

$$K=\frac{221.782-221.730}{221.756}=\frac{1}{4260}$$

4.2 视距测量

视距测量是利用经纬仪或水准仪望远镜中的视距丝及视距标尺按几何光学原理测距，此方法可以克服地形障碍，适合于低精度近距离测量，一般在 200m 以内。

◎视距测量公式

1. 视线水平时的视距测量

如图 4-10 所示，要测出地面上 A、B 两点间的水平距离及高差，先在 A 点安置仪器，在 B_i 点立视距尺。将望远镜视线调至水平位置并瞄准尺子，这时视线与视距尺垂直。下丝在标尺上的读数为 a，上丝在标尺上的读数为 b（设为倒像望远镜）。上、下丝读数之差称为视距间隔 n，则 $n=a-b$。

由于视距间隔 n 为一定值，因此，从两根视距丝引出去的视线在竖直面内的夹角 φ 也是一个固定的角值，由图 4-10 可知，视距间隔 n 和立尺点离开测站的水平距离 D 呈线性关系，即

$$D=K_n+C \tag{4-14}$$

式中，K 和 C 分别称为视距乘常数和视距加常数，在仪器制造时，使 $C=0$，$K=100$。因此，在视线水平时，计算水平距离的公式为

$$D = K_n = 100n = 100(a-b) \tag{4-15}$$

从图 4-10 中还可看出，量取仪器高 i 之后，便可依据视线水平时的横丝读数或称中丝读数 l，计算两点间的高差。

$$h = i - l \tag{4-16}$$

式（4-16）即为视线水平时高差计算公式。

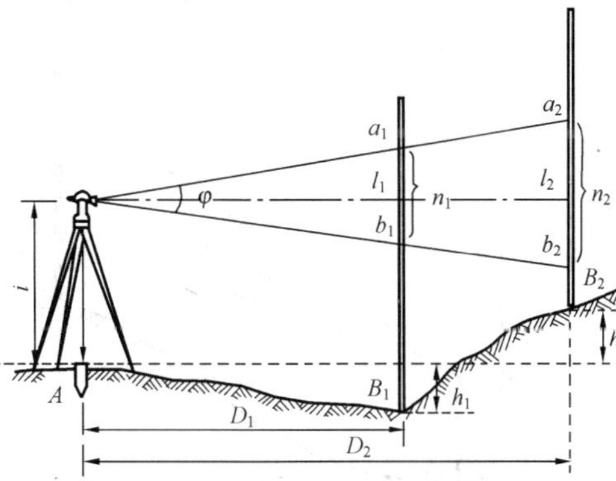

图 4-10　视线水平时的视距测量

若 A 点高程 H_A 为已知，则可求得 B 点的高程 H_B 为

$$H_B = H_A + i - l \tag{4-17}$$

2. 视线倾斜时的视距测量

当地面上 A、B 两点的高差较大时，一定要使视线倾斜一个竖直角 a，才能在标尺上进行视距读数，这时视线不垂直于视距尺，不能用前述公式计算水平距离和高差。

如图 4-11 所示，设想将标尺以中丝读数 l 这一点为中心，转动一个 α 角，使标尺仍与视准轴垂直，此时上、下视距丝的读数分别为 b' 和 a'，视距间隔 $n'=a'-b'$，则倾斜距离为

$$D' = Kn' = K(a'-b') \tag{4-18}$$

化为水平距离

$$D = D'\cos\alpha = Kn'\cos\alpha \tag{4-19}$$

因为通过视距丝的两条光线的夹角 φ 很小，所以 $\angle aa'l$ 和 $\angle bb'l$ 可近似地看作直角，

则有
$$n' = n\cos\alpha \tag{4-20}$$

将式（4 20）代入式（4 19），得到视准轴倾斜时水平距离的计算公式。

$$D = Kn\cos^2\alpha \tag{4-21}$$

同理，由图 4-11 可知，A、B 两点之间的高差为

$$h = h' + i - l = D\tan\alpha + i - l = \frac{1}{2}Kn\sin 2\alpha + i - l \tag{4-22}$$

式中　α——垂直角；

i——仪器高；

l——中丝读数。

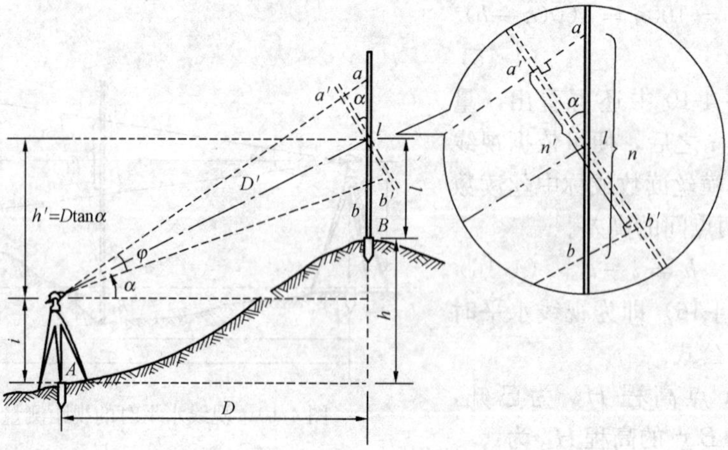

图 4-11　视线倾斜时的视距测量

◎**视距测量的观测与计算**

(1) 如图 4-11 所示，安置经纬仪于 A 点，量取仪器高 i，在 B 点竖立视距尺。

(2) 用盘左或盘右，转动照准部瞄准 B 点的视距尺，分别读取上、中、下三丝在标尺上的读数 b、l、a，计算出视距间隔 $n=a-b$。在实际视距测量操作中，为了使计算方便，读取视距时，可使下丝或上丝对准尺上一个整分米处，直接在尺上读出尺间隔 n，或者在瞄准读中丝时，使中丝读数 l 等于仪器高 i。

(3) 转动竖盘指标水准管微动螺旋，使竖盘指标水准管气泡居中，读取竖盘读数，并计算竖直角 α。

(4) 将上述观测数据分别记入视距测量手簿表中相应的栏内，然后依据视距尺间隔 n、竖直角 α、仪器高 i 及中丝读数 l，按式（4-21）和式（4-22）计算出水平距离 D 和高差 i，最后根据 A 点高程 H_A 计算出待测点 B 的高程 H_B。

◎**视距测量的误差及注意事项**

1. 视距测量的误差

(1) 视距乘常数 K 的误差。仪器出厂时视距乘常数 $K=100$，但由于视距丝间隔有误差，视距尺有系统性刻画误差，以及仪器检定的各种因素影响，都会使 K 值不一定恰好等于 100。K 值的误差对视距测量的影响较大，不能用相应的观测方法予以消除，因此，在使用新仪器前，应检定 K 值。

(2) 用视距丝读取尺间隔的误差。视距丝的读数是影响视距精度的重要因素，视距丝的读数误差与尺子最小分划的宽度、距离的远近、成像清晰情况有关。在视距测量中，通常要根据测量精度要求来限制最远视距。

(3) 标尺倾斜误差。视距计算的公式是在视距尺严格垂直的条件下得到的。如果视距尺发生倾斜，将给测量带来不可忽视的误差影响，因此，在测量时立尺要尽量竖直。在山区作业时，由于地表有坡度而给人以一种错觉，使视距尺不易竖直，因此，应采用带有水准器装置的视距尺。

(4) 外界条件的影响

1) 大气竖直折光的影响。大气密度分布是不均匀的，尤其在晴天接近地面部分密度变化更大，使视线弯曲，给视距测量带来误差。根据试验，只有在视线离地面超过 1m 时，折光影响才比较小。

2) 空气对流使视距尺的成像不稳定。空气对流的现象在晴天，视线通过水面上空和视线离地表太近时特别突出，成像不稳定造成读数误差的增大，对视距精度影响很大。

3) 风力使尺子抖动。风力较大时尺子立不稳而发生抖动，分别在两根视距丝上读数又不可能严格在同一个时间进行，所以对视距间隔将产生影响。

减少外界条件影响的唯一办法是根据对视距精度的需要来选择合适的天气作业。

2. 视距测量应注意的事项

(1) 观测时尤其应注意消除视差，估读毫米应准确。

(2) 读竖角时，对老式经纬仪应注意使竖盘水准管气泡居中，对新式经纬仪应注意把竖盘指标归零开关打开。

(3) 立尺时尽量使尺身竖直，尺子不竖直对测距精度影响极大。尺子要立稳，观测上丝时用竖盘微动螺旋对准整分划（不必再估数），并立即迅速读取下丝读数，尽量缩短读上下丝的时间。

(4) 为了减少大气折光及气流波动的影响，视线要离地面 0.5m 以上，尤其是在烈日下或夏天作业时更应注意。

4.3 光电测量

光电测量是用仪器发射并接受电磁波，通过测量电磁波在待测距离上往返传播的时间结算出距离。此方法测程远，精度高，适用于精度高的远距离测量和近距离的细部测量。

◎光电测距原理

光电测距仪根据测定时间 t 的方式，分为直接测定时间的脉冲测距法和间接测定时间的相位测距法。高精度的测距仪，一般采用相位式。

相位式光电测距仪的测距原理是：由光源发出的光通过调制器后，成为光强随高频信号变化的调制光。通过测量调制光在待测距离上往返传播的相位差 ϕ 来解算距离。

相位法测距相当于用“光尺”代替钢尺量距，而$\lambda/2$为光尺长度。

相位式测距仪中，相位计只能测出相位差的尾数ΔN，测不出整周期数N，因此对大于光尺的距离无法测定。为了扩大测程，应选择较长的光尺。为了解决扩大测程与保证精度的矛盾，短程测距仪上一般采用两个调制频率，即两种光尺。

◎光电测距仪的结构性能

1. 仪器结构

主机通过连接器安置在经纬仪上部，经纬仪可以是普通光学经纬仪，也可以是电子经纬仪。利用光轴调节螺旋，可使主机的发射—接受器光轴与经纬仪视准轴位于同一竖直面内。另外，测距仪横轴到经纬仪横轴的高度与觇牌中心到反射棱镜高度一致，从而使经纬仪瞄准觇牌中心的视线与测距仪瞄准反射棱镜中心的视线保持平行，配合主机测距的反射棱镜，根据距离远近，可选用单棱镜（1500m 内）或三棱镜（2500m 内），棱镜安置在三脚架上，根据光学对中器和长水准管进行对中整平，如图 4-12 所示。

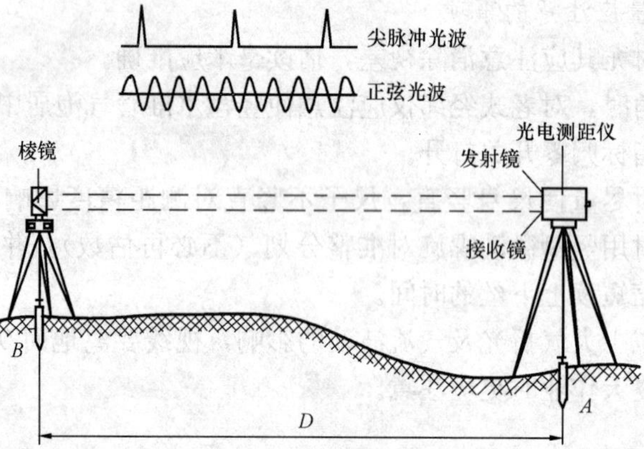

图 4-12 光电测距原理

2. 仪器主要技术指标及功能

短程红外光电测距仪的最大测程为 2500m，测距精度可达$\pm$(3mm＋2×10－6×D)（其中D为所测距离）；最小读数为 1mm；仪器设有自动光强调节装置，在复杂环境下测量时也可人工调节光强；可输入温度、气压和棱镜常数自动对结果进行改正；可输入垂直角自动计算出水平距离和高差；可通过距离预置进行定线放样；若输入测站坐标和高程，可自动计算观测点的坐标和高程。测距方式有正常测量和跟踪测量，其中正常测量所需时间为 3s，还能显示数次测量的平均值；跟踪测量所需时间为 0.8s，每隔一定时间间隔自动重复测距。

◎光电测距仪的操作与使用

1. 安置仪器

先在测站上安置好经纬仪，对中、整平后，将测距仪主机安装在经纬仪支架上，用连接器固定螺栓锁紧，将电池插入主机底部、扣紧。在目标点安置反射棱镜，对中、整平，并使镜面朝向主机。

2. 观测垂直角、气温和气压

用经纬仪十字横丝照准觇板中心，测出垂直角 α。同时，观测和记录温度和气压计上的读数。观测垂直角、气温和气压，目的是对测距仪测量出的斜距进行倾斜改正、温度改正和气压改正，以得到正确的水平距离。

3. 测距准备

按电源开关键“PWR”开机，主机自检并显示原设定的温度、气压和棱镜常数值，自检通过后将显示“good”。

若修正原设定值，可按“TPC”键后输入温度、气压值或棱镜常数（一般通过“ENT”键和数字键逐个输入)。一般情况下，只要使用同一类的反光镜，棱镜常数不变，而温度、气压每次观测均可能不同，需要重新设定。

4. 距离测量

调节主机照准轴水平调整手轮（或经纬仪水平微动螺旋）和主机俯仰微动螺旋，使测距仪望远镜精确瞄准棱镜中心。在显示“good”状态下，精确瞄准也可根据蜂鸣器声音来判断，信号越强声音越大，上下左右微动测距仪，使蜂鸣器的声音最大，便完成了精确瞄准，出现“*”。

精确瞄准后，按“MSR”键，主机将测定并显示经温度、气压和棱镜常数改正后的斜距。在测量中，若光速受挡或大气抖动等，测量将暂被中断，此时“*”消失，待光强正常后继续自动测量；若光束中断 30s，待光强恢复后，再按“MSR”键重测。

斜距到平距的改算，一般在现场用测距仪进行，方法是：按“V/H”键后输入垂直角值，再按“SHV”键显示水平距离。连续按“SHV”键可依次显示斜距、平距和高差。

◎光电测距的注意事项

(1) 气象条件对光电测距影响较大，微风的阴天是观测的良好时机。

(2) 测线应尽量离开地面障碍物 1.3m 以上，避免通过发热体和较宽水面的上空。

(3) 测线应避开强电磁场干扰的地方，例如测线不宜接近变压器、高压线等。

(4) 镜站的后面不应有反光镜和其他强光源等背景的干扰。

(5) 要严防阳光及其他强光直射接收物镜，避免光线经镜头聚焦进入机内，将部分元件烧坏，阳光下作业应撑伞保护仪器。

◎光电测距仪的误差

1. 固定误差

固定误差与被测距离无关，主要包括仪器对中误差、仪器加常数测定误差及测相误差。

2. 比例误差

比例误差与被测距离成正比，主要包括：

(1) 大气折射率的误差，在测线一端或两端测定的气象因素不能完全代表整个测线上平均气象因素。

(2) 调制光频率测定误差，调制光频率决定测尺的长度。

3. 周期误差

由于送到仪器内部数字检相器不仅有测距信号，还有仪器内部的窜扰信号，而测距信号的相位随距离值在0°～360°内变化。因而合成信号的相位误差大小也以测尺为周期而变化，故称周期误差。

4.4 全站仪测量

全站仪（全站型电子速测仪）是一种集光、机、电为一体的高技术测量仪器，是集水平角、垂直角、距离（斜距、平距）、高差测量功能于一体的测绘仪器系统。因其一次安置仪器就可完成该测站上全部测量工作，所以称之为全站仪。

◎全站仪的结构

1. 同轴望远镜

全站仪的望远镜实现了视准轴、测距光波的发射、接收光轴同轴化。

同轴性使得望远镜一次瞄准即可实现同时测定水平角、垂直角和斜距等全部基本测量要素的测定功能。

2. 双轴自动补偿

作业时若全站仪纵轴倾斜，会引起角度观测的误差，盘左、盘右观测值取中不能使之抵消，全站仪特有的双轴（或单轴）倾斜自动补偿系统，可对纵轴的倾斜进行监测，并在度盘读数中对因纵轴倾斜造成的测角误差自动加以改正（某些全站仪纵轴最大倾斜可允许至±6′），也可通过将由竖轴倾斜引起的角度误差，由微处理器自动按竖轴倾斜改正计算式计算，并加入度盘读数中加以改正，使度盘显示读数为正确值，即所谓纵轴倾斜自动补偿。

3. 键盘

键盘是全站仪在测量时输入操作指令或数据的硬件，全站型仪器的键盘和显示屏均为双面式，便于正、倒镜作业时操作。

4. 存储器

全站仪存储器的作用是将实时采集的测量数据存储起来，再根据需要传送到其他设备中，如计算机等。供进一步的处理或利用，全站仪的存储器有两种，即内存储器和存储卡。

全站仪内存储器相当于计算机的内存（RAM），存储卡是一种外存储媒体，又称 PC 卡，作用相当于计算机的磁盘。

5. 通信接口

全站仪可以通过 BS—232C 通信接口和通讯电缆将内存中存储的数据输入计算机，或将计算机中的数据和信息经通信电缆传输给全站仪，实现双向信息传输。

◎**操作方法**

1. 水平角测量

（1）按角度测量键，使全站仪处于角度测量模式，照准第一个目标 A。

（2）设置 A 方向的水平度盘读数为 $0°00'00''$。

（3）照准第二个目标 B，此时显示的水平度盘读数即为两方向间的水平夹角。

2. 距离测量

（1）设置棱镜常数。测距前须将棱镜常数输入仪器中，仪器会自动对所测距离进行改正。

（2）设置大气改正值或气温、气压值。光在大气中的传播速度会随大气的温度和气压而变化，15℃和 760mmHg 是仪器设置的一个标准值，此时的大气改正为 0mg/kg。实测时，可输入温度和气压值，全站仪会自动计算大气改正值（也可直接输入大气改正值），并对测距结果进行改正。

（3）量仪器高、棱镜高并输入全站仪。

（4）距离测量。照准目标棱镜中心，按测距键，距离测量开始，测距完成时显示斜距、平距、高差。

全站仪的测距模式有精测模式、跟踪模式、粗测模式三种。精测模式是最常用的测距模式，测量时间约 2.5s，最小显示单位 1mm；跟踪模式，常用于跟踪移动目标或放样时连续测距，最小显示一般为 1cm，每次测距时间约 0.3s；粗测模式，测量时间约 0.7s，最小显示单位 1cm 或 1mm。在距离测量或坐标测量时，可按测距模式（MODE）键选择不同的测距模式。

应注意，有些型号的全站仪在距离测量时不能设定仪器高和棱镜高，显示的高差值是全站仪横轴中心与棱镜中心的高差。

3. 坐标测量

(1) 设定测站点的三维坐标。

(2) 设定后视点的坐标或设定后视方向的水平度盘读数为其方位角。当设定后视点的坐标时，全站仪会自动计算后视方向的方位角，并设定后视方向的水平度盘读数为其方位角。

(3) 设置棱镜常数。

(4) 设置大气改正值或气温、气压值。

(5) 量仪器高、棱镜高并输入全站仪。

(6) 照准目标棱镜，按坐标测量键，全站仪开始测距并计算显示测点的三维坐标。

4. 全站仪的数据通信

全站仪的数据通信是指全站仪与电子计算机之间进行的双向数据交换。全站仪与计算机之间的数据通信的方式主要有两种，一种是利用全站仪配置的PCMCIA（个人计算机存储卡国际协会，简称PC卡，也称存储卡）卡进行数字通信，特点是通用性强，各种电子产品间均可互换使用；另一种是利用全站仪的通信接口，通过电缆进行数据传输。

5. 全站仪盘左盘右区分方法

全站仪仪器的盘左和盘右，实际上沿用老式光学经纬仪的称谓，是根据竖盘相对观测人员所处的位置而言的，观测时当竖盘在观测人员的左侧时称为盘左，反之称为盘右。相对盘左和盘右而言也有称为正镜和倒镜，以及F1（FACE1）面和F2（FACE2）面的。

对于测量来讲，若正、反（盘左、盘右）测量后，通过测量方法有可消除某些人为误差以及固定误差的作用。对于可定义盘左和盘右称谓的仪器而言，给用户增加了应用仪器的可选操作界面，对测量作业和测量结果没有影响。

另外，对于靠角度确认盘左和盘右可能存在某些错觉，例如某些连接陀螺仪的全站仪或者经纬仪，在确定盘左和盘右时显示的不一定是对应。就是说相对180°角度数值而已往小向转不一定是盘左。反正，用户记住两者的差值即可。仪器也是自动求算的，对工程测量结果没有影响。

6. 全站仪整平以及气泡校正

(1) 正确调平仪器的方法

1) 架设：将仪器架设到稳固的三脚架上，旋紧中心螺旋。

2) 粗平：看圆气泡（精度相对较低，一般为1分），分别旋转仪器的3个脚螺旋将仪器大致整平。

3) 精平：使仪器照准部上的管状水准器（或者称长气泡管）平行于任意一

对脚螺旋，旋转两脚螺旋使气泡居中（最好采用左拇指法，即左右手同时转动两个脚螺旋），并且两拇指移动方向相向，左手大拇指方向与气泡管气泡移动方向相同。然后，将照准部旋转 90°，旋转另外一个脚螺旋使长气泡管气泡居中。

4）检验：将仪器照准部再旋转 90°，若长气泡管气泡仍居中，表示已经整平；若有偏差，请重复步骤 3）。正常情况下重复 1～2 次就会好了。

（2）气泡是否有问题的检验

1）架设：将仪器架设到稳固的三脚架上，旋紧中心螺旋。

2）粗平：看圆气泡（精度相对较低，一般为 1 分），分别旋转仪器的 3 个脚螺旋将仪器大致整平。

3）精平同时进行检验：使仪器照准部上的管状水准器（或者称长气泡管）平行于任意一对脚螺旋，旋转两脚螺旋使气泡居中；然后，将照准部旋转 180°，此时若气泡仍然居中，则管状水准器轴垂直于竖轴（长气泡管没有问题）。如气泡不居中，就需要校正。

（3）气泡校正方法

1）按照气泡是否有问题的步骤检验进行到第 3）步，确定偏差量即气泡偏离中间的差量。

2）用改针调整长气泡管的校正螺钉，使气泡返回偏差量的 1/4。若前面的差量无法精确知道，这里可大概改正，然后重复气泡问题检验步骤的第 3）步。

3）重复前面步骤，一般重复 1～2 次即可调好。调好后，再按照整平步骤进行仪器整平。

这里提及一下，在长气泡管调整后最好再确认一下圆气泡，若有偏差也调一下。

补充：气泡管气泡为什么会出现偏差？

原因：

（1）圆气泡管一般由 3 个螺栓固定，内部有一个波形弹簧。若 3 个螺栓受力不均匀时，当仪器在车辆运输过程中受颠簸就会引起受力小的螺栓松动，最易引起偏差。

（2）长气泡管一般是一端固定，另外一端可调（校正螺栓）。可调端下面有弹簧，固定端里面应该有凸形内垫圈。无论是生产装配还是维修校正，若在长气泡管调整时没有注意校正螺栓的螺纹间距，使螺栓受力不均衡，在仪器受大的颠簸后螺栓会稍微旋转、引起气泡偏差。

◎全站仪的检验

（1）照准部水准轴应垂直于竖轴的检验和校正。检验时先将仪器大致整平，转动照准部使其水准管与任意两个脚螺旋的连线平行，调整脚螺旋使气泡居中，然后将照准部旋转 180°，若气泡仍然居中则说明条件满足，否则应进行校正。

校正的目的是使水准管轴垂直于竖轴。即用校正针拨动水准管一端的校正螺钉，使气泡向正中间位置退回一半。为使竖轴竖直，再用脚螺旋使气泡居中即可。此项检验与校正必须反复进行，直到满足条件为止。

(2) 十字丝竖丝应垂直于横轴的检验和校正。检验时用十字丝竖丝瞄准一清晰小点，使望远镜绕横轴上下转动，如果小点始终在竖丝上移动则条件满足，否则需要进行校正。

校正时松开四个压环螺栓（装有十字丝环的目镜用压环和四个压环螺栓与望远镜筒相连接）。转动目镜筒使小点始终在十字丝竖丝上移动，校好后将压环螺栓旋紧。

(3) 视准轴应垂直于横轴的检验和校正。选择一水平位置的目标，盘左盘右观测之，取它们的读数（顾及常数 180°）即得两倍的 $c[c=1/2(a_{左}-a_{右})]$。

(4) 横轴应垂直于竖轴的检验和校正选择较高墙壁近处安置仪器。以盘左位置瞄准墙壁高处一点 p（仰角最好大于 30°），放平望远镜在墙上定出一点 m_1。倒转望远镜，盘右再瞄准 p 点，又放平望远镜在墙上定出另一点 m_2。如果 m_1 与 m_2 重合，则条件满足，否则需要校正。校正时，瞄准 m_1、m_2 的中点 m，固定照准部，向上转动望远镜，此时十字丝交点将不对准 p 点。抬高或降低横轴的一端，使十字丝的交点对准 p 点。此项检验也要反复进行，直到条件满足为止。以上四项检验校正，以一、三、四项最为重要，在观测期间最好经常进行。每项检验完毕后必须旋紧有关的校正螺栓。

4.5 全球定位系统（GPS）应用

GPS 测量是利用两台 GPS 接收机接受空间轨道上 4 颗以上 GPS 卫星发射的载波信号，通过一定的计算方法，求出两台 GPS 接受机天线相位中心的距离。本节主要介绍 GPS 全球卫星定位系统在工程测量中的应用，包括卫星定位测量控制网的布设、卫星定位控制点位的选定及 GPS 外业观测。

◎卫星定位测量控制网的布设

卫星定位测量控制网的布设，应符合下列要求：

(1) 应根据测区的实际情况、精度要求、卫星状况、接收机的类型和数量以及测区已有的测量资料进行综合设计。

(2) 首级网布设时，宜联测 2 个以上高等级国家控制点或地方坐标系的高等级控制点；对控制网内的长边，宜构成大地四边形或中点多边形。

(3) 控制网应由独立观测边构成一个或若干个闭合环或附合路线：各等级控制网中构成闭合环或附合路线的边数不宜多于 6 条。

(4) 各等级控制网中独立基线的观测总数，不宜少于必要观测基线数的

1.5 倍。

（5）加密网应根据工程需要，在满足精度要求的前提下可采用比较灵活的布网方式。

（6）对于采用 GSP—RTK 测图的测区，在控制网的布设中应顾及参考站点的分布及位置。

◎卫星定位控制点位的选定

（1）点位应选在土质坚实、稳固可靠的地方，同时要有利于加密和扩展，每个控制点至少应有一个通视方向。

（2）点位应选在视野开阔、高度角在 15°以上的范围内，应无障碍物；点位附近不应有强烈干扰接收卫星信号的干扰源或强烈反射卫星信号的物体。

（3）充分利用符合要求的旧有控制点。

◎GPS 外业观测

1. GPS 观测准备工作

（1）GPS 接收仪的一般性检视。主要检查接收机各部件是否齐全、完好，紧固部件是否松动与脱落，设备的使用手册及资料是否齐全等。

（2）通电检验。通电检验的主要项目包括：设备通电后有关信号灯、按键、显示系统和仪表工作情况，以及自测试系统工作情况。当自测试正常后，按操作步骤进行卫星捕获与跟踪，以检验其工作情况。

（3）试测检验。试测检验主要是检验接收机精度及其稳定性。试测检验是在不同长度的基线上进行，两台 GPS 接收机所测的基线长与标准值比较，以确定接收机的精度和稳定性。通常至少应在每年使用接收机前进行一次检验。

（4）编制 GPS 卫星可见性预报及观测时段的选择。GPS 定位精度与观测卫星的几何图形有密切关系，卫星几何图形的强度越大，定位精度越高，从观测站观测卫星的高度角越小，卫星分布范围越大，则几何精度因子 GDOP 值越小，定位精度越高，通常要求 GDOP 值小于 6。所以要在观测前编制卫星可见性预报；选择最佳观测时段，拟定观测计划。

通常 GPS 接收机的商用数据处理系统都带有卫星可见预报软件。使用软件时，需在当前子目录下存有前观测时卫星星历文件；调入预报软件后，输入预计观测站的概略坐标、预计观测日期和观测卫星的高度的截止角。软件首先读取前期卫星星历文件的卫星日程表，软件按预计观测日期计算卫星位置，再利用测站坐标计算卫星高度角，选取高度角大于高度的截止角的所有卫星进行预报，按时间顺序列出所有可见卫星信息。

根据卫星的几何精度 GDOP 的变化情况，可以选择最佳时间段。进一步安排观测卫星的进程表及接收机的调度计划。

2. 观测工作

观测工作包括天线安置，GPS 接收仪安置与操作，气象参数测定及测站记录等。

(1) 天线安置。天线的精确安置是实现精密定位的前提条件之一。通常情况下，天线应尽量利用三脚架安置在标志中心的垂线方向上，直接对中；天线的圆水准泡必须居中；天线定向标志线应指向正北，并顾及当地磁偏角的影响，以减弱相位中心偏差的影响，定向误差一般不应大于±5°。

天线安置后，应在各观测时段的前后各量取天线高一次。两次量高之差不应大于 3mm。取平均值作为最后天线高。如果互差超限，应查明原因，提出处理意见，记入观测记录。

(2) 安置 GPS 接收仪。在离天线的适当位置的地面上安放接收仪，用电缆把接收仪与电源、天线及控制器连接好，确认无误后，打开电源开关，进行预热和静置。

(3) 开机观测。观测的主要任务是捕获 GPS 卫星信号并对其进行跟踪、接收和处理信号，以获取所需的定位观测数据。接收机操作的具体方法步骤，详见仪器使用说明书。不同的接收机操作过程基本相近，其主要步骤包括：

1) 开机后检查各指示灯与仪表显示是否正常，如正常开始自测试。

2) 按测量功能键，接收机开始搜索卫星，输入测站参数，等待开测命令。

接收机进入自动搜索卫星状态，控制面板上显示各通道锁住卫星总数，并显示出相应的 GDOP 值。作业员可以输入测站点的点位标识，输入天线高，数据采集间隔、高度截止角等信息之后，等待各测站同步观测的命令（各测站搜索到足够数量卫星之后可以开始同步观测）。

3) 按测量键开始同步观测，并注意有关信息。按测量键显示测站的地理坐标、累计数据采集时间、GDOP 值、可视卫星和锁定卫星的数量。观测过程中，通过显示屏随时了解作业进程，控制器所控制各部分的状态信息，如查看测站信息、接收卫星数量、卫星号、各通道的信噪比、实时定位的结果及其变化汞存储介质记录等情况。

(4) 观测记录与测量手簿。观测记录由 GPS 接收机自动形成，自动记录在存储介质（如 PCMCIA 卡等）上，其内容包括：GPS 卫星星历及卫星钟差参数；伪距观测值、载波相位观测值、相应的 GPS 时间。测站的信息应包括观测站点点号、时段号、近似坐标、天线高等，通常是由观测人员在观测过程中手工输入接收机。

测量手簿在观测过程中由观测人员填写，不得测后补记。手簿的内容包括天气状况、气象元素、观测人员等。

◎数据处理

当外业观测工作完成后，通常应将当天的观测数据下载到计算机中，并计算 GPS 基线向量。基线向量的解算软件一般采用仪器厂家提供的软件，也可以采用通用数据格式的第三方软件或自编软件。

当完成基线向量解算后，应对解算成果进行检核，常见的有同步环和异步环的检测。根据规范要求的精度，剔除误差大的数据，必要时还需要进行重测。

当进行了数据的检核后，就可以将基线向量组网进行平差了。平差软件可以采用仪器厂家提供的软件，也可以采用通用数据格式的第三方软件或自编软件。

第 5 章　测量误差的基本知识

5.1　衡量精度的指标

在建筑测量工作中，使用“精度”来判断观测成果质量的好坏。精度是指误差分布的密集或离散程度，其分布密集，误差就小，精度就高；反之，误差大，精度低。衡量观测精度高低，必须建立一个统一衡量精度的指标。衡量精度的指标包括中误差、相对误差和极限误差。

◎中误差

中误差是测量中最为常用的衡量精度的标准，在测量工作中常被用到。设在等精度条件下对某未知量进行了 n 次观测，其观测值分别为 L_1、$L_2\cdots L_n$，如果该未知量的真值为 X，其真值与各观测值的差为真误差：$\Delta_i = X - L_1$，相应的 n 个观测值的真误差分别为 Δ_1、Δ_2、…、Δ_n。那么，观测精度则可以用式（5-1）的计算结果来衡量，即

$$m = \pm\sqrt{\frac{[\Delta\Delta]}{n}} \tag{5-1}$$

式中　$[\Delta\Delta] = \Delta_1^2 + \Delta_2^2 + \cdots + \Delta_n^2$。

m 则称为观测值的中误差，也称为均方误差。每个观测值都具有这个值的精度。

由式（5-1）可以看出，中误差不等于真误差，它是一组真误差的代表值，中误差 m 的值的大小反映了该组观测值精度的高低，而且它能明显地反映出测量结果中较大误差的影响，因此，一般都采用中误差作为衡量观测精度的标准。

◎相对误差

对于衡量精度来说，有时单靠中误差还不能完全表达观测结果的质量。如测得某两段距离，第一段长 100m，第二段长 200m，观测值的中误差均为±0.1m，从中误差的大小来看，两者精度相同，但从常识来判断，两者的精度并不相同，第二段量距精度高于第一段，这时应采用另一种衡量精度的标准，即相对误差。

相对误差是误差的绝对值与观测值之比，在测量上通常将其分子化为 1 的分子式，即

$$K = \frac{|m|}{D} = \frac{1}{\frac{D}{m}} \tag{5-2}$$

式中　K——相对误差。

上例中：

$$K_1=\frac{|m_1|}{D_1}=\frac{0.01}{100}=\frac{1}{10\ 000}$$

$$K_2=\frac{|m_2|}{D_2}=\frac{0.01}{200}=\frac{1}{20\ 000}$$

用相对误差衡量可以看出，$K_1>K_2$。相对中误差愈小，即分母愈大，说明观测结果的精度愈高，相反则愈低。式（5-2）中分子可以用中误差、距离往返较差、闭合差等，此时相对误差计算式为

$$中误差的相对误差=\frac{|中误差|}{对测值的最或然值}$$

$$距离往返较差的相对中误差=\frac{|距离往返较差|}{往返观测值的平均值}$$

$$坐标闭合差的相对中误差=\frac{|坐标闭合差|}{观测值的最或然值}$$

相对中误差常用在距离与坐标误差的计算中。角度误差不用相对中误差，因角度误差与角度本身大小无关。

◎极限误差

根据偶然误差的第一个特性，观测条件一定，偶然误差的绝对值不会超过一定的限值，此限值就是极限误差，简称限差。限差是偶然误差的限制值，作为观测成果取舍的标准。如果观测值的偶然误差超过限差，则认为该观测值不合格，应舍去不用。测量上常取三倍中误差作为极限误差 $\Delta_{限}$，也称允许误差，即：$\Delta_{限}=3m$。

5.2　误差传播定律

在建筑测量工作中，有些未知量往往不能直接测定，而是通过观测其他一些相关的量后，根据一定的函数关系计算出来。建立独立观测值中误差与观测值函数中误差之间的关系式，在测量上称为误差传播定律。

◎线性函数

1. 倍数函数

设有线性函数

$$Z=kx \tag{5-3}$$

式中　k——常数；

x——独立观测值；

Z——x 的函数。

当观测值 x 含有真误差 Δx 时，函数 Z 也将产生相应的真误差 ΔZ，设 x 值观测了 n 次，则

$$\Delta Z_n = k\Delta x_n$$

将上式两端平方，求其总和，并除以 n，得

$$\frac{[\Delta Z\Delta Z]}{n} = k^2\frac{[\Delta x\Delta x]}{n}$$

根据中误差的定义，则有

$$m_Z^2 = k^2 m_x^2$$

或
$$m_Z = km_x \tag{5-4}$$

得出结论，倍数函数的中误差等于倍数与观测值中误差的乘积。

2. 和差函数

设有函数

$$Z = x \pm y \tag{5-5}$$

式中 x、y——独立观测值；

Z——x、y 的函数。

当独立观测值 x、y 含有真误差 Δx、Δy 时，函数 Z 也将产生相应的真误差 ΔZ，如果对 x、y 观测了 n 次，则

$$\Delta Z_n = \Delta x_n + \Delta y_n \tag{5-6}$$

将式（5-6）两端平方，求其总和，并除以 n，得

$$\frac{[\Delta Z\Delta Z]}{n} = \frac{[\Delta x\Delta x]}{n} + \frac{[\Delta y\Delta y]}{n} + \frac{2[\Delta x\Delta y]}{n}$$

根据偶然误差的抵消性和中误差定义，得

$$m_Z^2 = m_2^x + m_y^2$$

或
$$m_Z = \pm\sqrt{m_x^2 + m_y^2} \tag{5-7}$$

由此得出结论：和差函数的中误差等于各个观测值中误差平方和的平方根。

◎一般函数

设一般函数为

$$y = f(x_1, x_2, \cdots, x_n)$$

已知 x_1，x_2，…，x_n 为独立观测值，其中误差分别为 m_1，m_2，…，m_n，求函数 y 的中误差 m_y。

对于多个变量（变量个数大于 1 时）的函数，取微分时，必须要进行全微分，所以

$$\mathrm{d}y = \left(\frac{\partial f}{\partial x_1}\right)\mathrm{d}x_1 + \left(\frac{\partial f}{\partial x_2}\right)\mathrm{d}x_2 + \cdots + \left(\frac{\partial f}{\partial x_2}\right)\mathrm{d}x_n$$

由于测量中真误差值都很小，所以可用真误差 Δ 代替上式中的微分量，即

$$\Delta_y = \left(\frac{\partial f}{\partial x_1}\right)\Delta_1 + \left(\frac{\partial f}{\partial x_2}\right)\Delta_2 + \cdots + \left(\frac{\partial f}{\partial x_2}\right)\Delta_n$$

函数式与观测值确定后，偏导数均为常数，所以上式可视为线性函数的真误差关系式。由式（5-5）得

$$m_y^2 = \left(\frac{\partial f}{\partial x_1}\right)^2 m_1^2 + \left(\frac{\partial f}{\partial x_2}\right)^2 m_2^2 + \cdots + \left(\frac{\partial f}{\partial x_n}\right)^2 m_n^2$$

$$m_y = \pm\sqrt{\left(\frac{\partial f}{\partial x_1}\right)^2 m_1^2 + \left(\frac{\partial f}{\partial x_2}\right)^2 m_2^2 + \cdots + \left(\frac{\partial f}{\partial x_n}\right)^2 m_n^2} \tag{5-8}$$

式中，$\frac{\partial f}{\partial x_1}$，$\frac{\partial f}{\partial x_2}$，…，$\frac{\partial f}{\partial x_n}$分别是函数 y 对观测值 x_1，x_2，…，x_n 求得偏导数。所以一般函数的中误差等于该函数对每个观测值取偏导数与相应观测值中误差乘积的平方和，然后开方。

◎**例题分析**

例题 1　现对某量进行等精度观测 n 次，观测值为 l_1，l_2，…，l_n，设已知各观测值的中误差 $m_1=m_2=\cdots=m_n=m$。

求：(1) 等精度观测值算术平均值 x；(2) 等精度观测值算术平均值 x 的中误差 M。

解：等精度观测值算术平均值 x

$$x = \frac{l_1 + l_2 + \cdots + l_n}{n} = \frac{[l]}{n} \tag{5-9}$$

式（5-9）改写为

$$x = \frac{1}{n}l_1 + \frac{1}{n}l_2 + \cdots + \frac{1}{n}l_n$$

根据求算术平均值 x 的中误差 m_x 的公式

得

$$m_x^2 = \frac{1}{n^2}m_1^2 + \frac{1}{n^2}m_2^2 + \cdots + \frac{1}{n^2}m_n^2 = \frac{n}{n^2}m^2 = \frac{1}{n}m^2$$

$$m_x = \pm\frac{m}{\sqrt{n}} \tag{5-10}$$

例题 2　在 1∶500 的图上，测得 A、B 两点间的距离 $d=125.4$mm，d 的测量中误差为 $m_d=\pm0.2$mm。求实地 A、B 两点间的距离 D 及其中误差 m_D。

解：$D=500\times125.4\text{mm}=62.7\text{m}$

$m_D=500\times(\pm0.2)\text{mm}=\pm0.1\text{m}$

$D=62.7\text{m}\pm0.1\text{m}$

例题 3　已知当水准仪距标尺 70m 时，一次读数中误差为 $m_{读}=\pm1$mm（包括照准误差、估读误差等），如果以两倍中误差为容许误差，试求普通水准测量

观测 n 站所得高差闭合差的容许误差。

解： 水准测量每一站高差

$$h_i = a_i - b_i$$

则每站高差中误差

$$m_{站} = \sqrt{m_{读}^2 + m_{读}^2} = \pm\sqrt{2}m_{读} = \pm\sqrt{2}\text{mm}$$

观测 n 站所得总高差

$$h = h_1 + h_2 + \cdots + h_n$$

则 n 站总高差 h 的总误差

$$m_{总} = \pm m_{站}\sqrt{n} = \pm 1.4\sqrt{n}\ \text{mm}$$

如果以两倍中误差为容许误差，则高差闭合差容许误差为

$$\Delta_{容} = 2(\pm 1.4\sqrt{n}) = \pm 2.8\sqrt{n} \approx \pm 3\sqrt{n}\ \text{mm}$$

第6章 建筑施工测量

6.1 测设的基本工作

测设是最主要的施工测量工作，它是把建筑物和构筑物的特征点由设计图纸上标定到实际地面上去。测设的基本工作是水平距离测设、水平角测设和高程测设。

◎水平距离测设

水平距离测设是指从施工现场上的一个已知点出发，沿着给定的方向，按已知的水平距离量距，在地面上标出另一个端点。水平距离测设的方法有钢尺丈量法、光电测距法等。

1. 钢尺测设

(1) 一般方法。已知方向在现场已用直线标定，且测设的已知水平距离小于钢卷尺的长度时，测设的 般方法很简单，只需将钢尺的零端与已知始点对齐，沿已知方向水平拉紧拉直钢尺，在钢尺上读数等于已知水平距离的位置定点即可。

为了校核和提高测设精度，可将钢尺移动10～20cm，用钢尺始端的另一个读数对准已知始点，然后测设一次，定出另一个端点，如果两次点位的相对误差在限差（1/5000～1/3000）以内，则取两次端点的平均位置作为端点的最后位置。如图6-1，A为已知始点，A至B为已知方向，D为已知水平距离，P'为第一次测设所定的端点，P''为第二次测设所定的端点，则P'和P''的中点P即为最后所定的点，则AP即为所要测设的水平距离D。

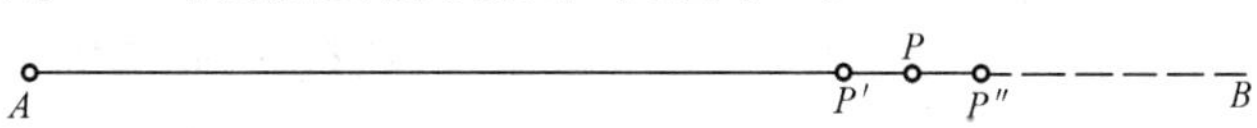

图6-1　距离测设的一般方法

如果已知方向在现场已用直线标定，而已知水平距离大于钢卷尺的长度，则沿已知方向依次水平丈量若干个尺段，在尺段读数之和等于已知水平距离处定点即可。为了校核和提高测设精度，同样应进行两次测设，然后取中定点，方法同上。

当已知方向没有在现场标定出来，只是在较远处给出的另一定向点时，则要先定线再量距。对于建筑工程，如果始点与定向点的距离较短，一般可用拉一条细线绳的方法定线，如果始点与定向点的距离较远，则要用经纬仪定线，方法为将经纬仪安置在 A 点上，对中整平，照准远处的定向点，固定照准部，望远镜视线即为已知方向，沿此方向一边定线一边量距，使终点至始点的水平距离等于要测设的水平距离，并且位于望远镜的视线上。

(2) 精密方法。当测设精度要求较高（1/10 000～1/5000 以上）时，必须考虑尺长改正、温度改正和倾斜改正，还要使用标准拉力来拉钢尺，才能达到要求。

如图 6-2 所示，A 点是始点，D 是设计的已知水平距离，精密测设一般分两步完成，第一步是按一般方法测设该已知水平距离，在地面上临时定出另一个端点 P'；第二步是按精密钢尺量距法，精确测量出 AP' 的水平距离 D'。根据 D' 与 D 的差值 $\Delta D=D'-D$ 沿 AP' 方向进行改正。如果 ΔD 为正值，说明实际测设的水平距离大于设计值，应从 P' 往回改正 AD，即得到符合准确的 P 点；反之，如果 ΔD 为负值，则应从 P' 往前改正 AD 然后定点。

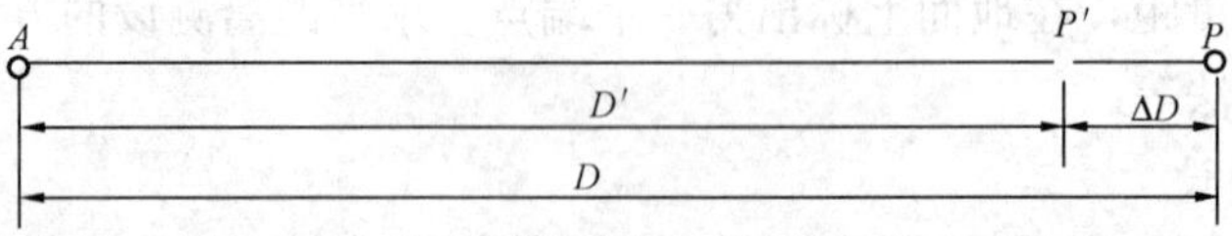

图 6-2 距离测设的精密方法

2. 光电测距仪测设

目前水平距离测设，尤其是长距离的测设多采用光电测距仪。

用光电测距仪放样已知水平距离与用钢尺放样已知水平距离的方式一致，先用跟踪法放出另外一端点，然后精确测定其长度，最后进行改正。

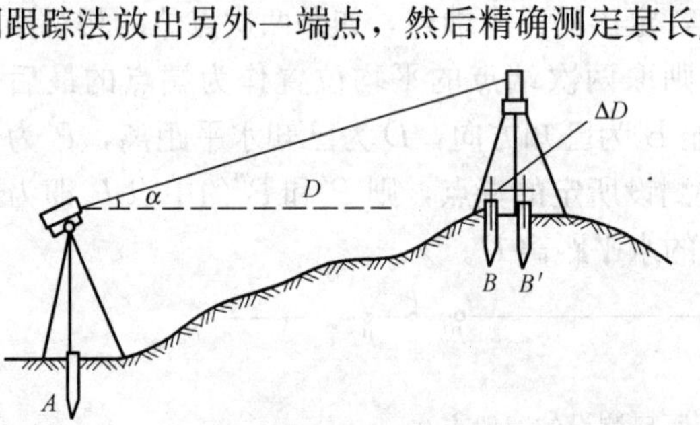

图 6-3 光电测距测设已知水平距离

如图 6-3 所示，安置光电测距仪于 A 点，瞄准并锁定已知方向，沿此方向移动反光棱镜，使仪器显示值为所放样水平距离时，则在棱镜所在位置定出端点 B。为了进一步提高放样精度，可用光电测距仪精确测定 AB 的水平距离，并与已知值比较算出差值 ΔD。根据 ΔD 的正负情况，再用钢尺从 B 点沿 AB 方向向内或者向外量 AD 得 B' 点。

将反光镜移到 B' 点，精确测定 AB' 水平距离。如果与 D 之差在限差之内，则 AB' 为最后的测设结果；如果与 D 之差超过限差，则按上述方法再次测设，直到 AD 小于规定限差时为止，从而定出已知水平距离的另外一端点。

◎水平角测设

水平角测设是根据地面上已有的一个点和从该点出发的一个已知方向，按设计的已知水平角值，在地面上标定出另一个方向：水平角测设的仪器工具主要是经纬仪，测设时按精度要求不同，分为一般方法和精密方法。

1. 一般方法

如图 6-4 所示，设 O 为地面上的已知点，OA 为已知方向，要顺时针方向测设已知水平角 β（例如 $59°25'13''$），测设方法是：

（1）在 O 点安置经纬仪，对中整平。

（2）盘左状态瞄准 A 点，调水平度盘配置手轮，使水平度盘读数为 $0°00'00''$，然后旋转照准部，当水平度盘读数为 β（例如 $59°25'13''$）时，固定照准部，在此方向上合适的位置定出 B' 点。

（3）倒转望远镜成盘右状态，用同上的方法测设 β 角，定出 B'' 点。

（4）取 B' 和 B'' 的中点 B，$\angle AOB$ 就是要测设的水平角。

采用盘左和盘右两种状态进行水平角测设并取其中点，可以校核所测设的角度是否有误，同时可以消除由于经纬仪视准轴与横轴不垂直，以及横轴与竖轴不垂直等仪器误差所引起的水平角测设误差。

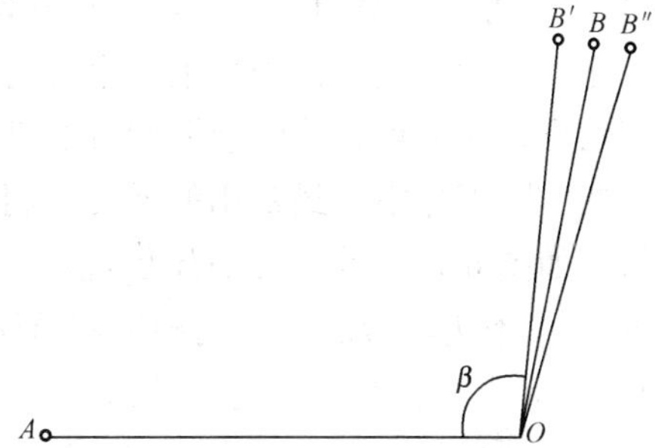

图 6-4 水平角测设

如果是逆时针方向测设水平角，则旋转照准部，使水平度盘读数为 360°减去所要测设的角值（如上例为 $360°-59°25'13''=300°34'37''$），在此方向上定点。为了减少计算工作量和操作方便，也可在照准已知方向点时，将水平度盘读数配置为所要测设的角值（如上例的 $59°25'13''$），然后旋转照准部，使水平度盘读数为 $0°00'00''$时定点。

2. 精密方法

当测设水平角精度要求较高时，也和精密测设水平距离一样，分两步进行。

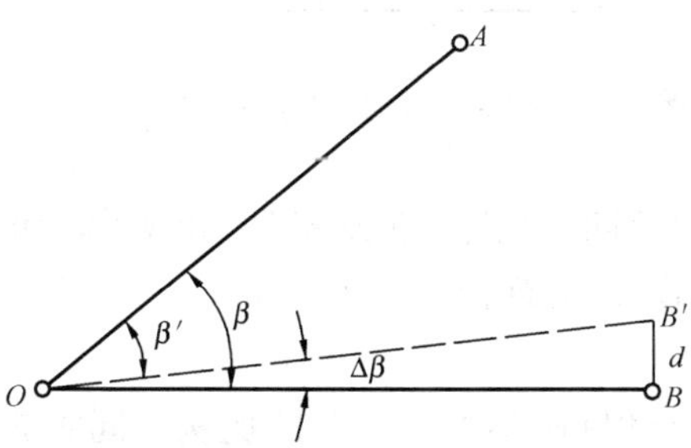

图 6-5 水平角精密测设

如图 6-5，第一步是用盘左按一般方法测设已知水平角，定出一个临时点 B'。第二步是用测回法精密测量出 $\angle AOB'$ 的水平角 β'（精度要求要高，则测回数越多），设 β' 与已知 β 的差为

$$\Delta\beta=\beta'-\beta \qquad (6\text{-}1)$$

如果 $\Delta\beta$ 超出了限差要求（$\pm10''$），则应对 B' 进行改正。改正方法为先根

据 $\Delta\beta$ 和 AB' 的长度，计算从 B' 至改正后的位置 B 的距离

$$d = AB' \times \frac{\Delta\beta''}{\rho''} \tag{6-2}$$

式中，$\rho = 206\ 265''$，$\Delta\beta$ 以秒为单位，在现场过 B' 作 AB' 的垂线，如果 $\Delta\beta$ 为正值，说明实际测设的角值比设计角值大，应沿垂线往内改正距离 d，相反，如果 $\Delta\beta$ 为负值，则应沿垂线往外改正距离 d，改正后得到 B 点，$\angle AOB$ 即符合精度要求的测设角。

3. 简易方法测设直角

在小型、简易型以及临时建筑和构筑物的测量过程中，常需要测设直角，如果测设水平角的精度要求不高，也可以不用经纬仪，而是用钢尺或者皮尺，按简易方法进行测设。

(1) 勾股定理法测设直角。如图 6-6 所示，勾股定理指直角三角形斜边（弦）的平方等于对边（股）与底边（勾）的平方和。

据此原理，只要使现场上一个三角形的三条边长满足上式，该三角形即为直角三角形，从而得到我们想要测设的直角。

在实际工作中，最常用的做法是利用勾股定理的特例“勾 3 股 4 弦 5”测设直角。如图 6-7 所示，设 AB 是现场上已有的一条边，要在 A 点测设与 AB 成 90°的另一条边，做法是先用钢尺在 AB 线上量取 3m 定出 P 点，然后以 A 点为圆心，4m 为半径在地面上画圆弧，然后以 P 点为圆心，5m 为半径在地面上画圆弧，两圆弧相交于 C 点，则 $\angle BAC$ 即为直角。

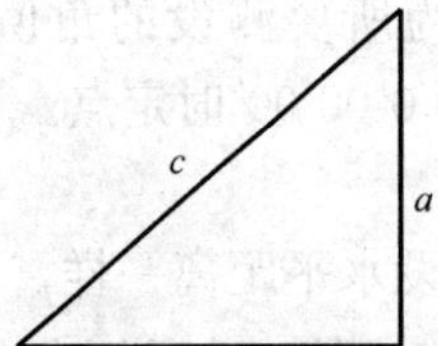

图 6-6 勾股定理法

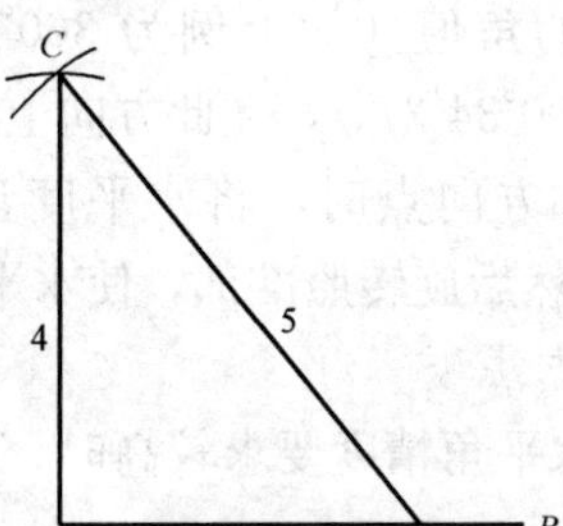

图 6-7 “勾 3 股 4 弦 5”测设直角

也可用一把皮尺，将刻划为 0、12m 处对准 A 点，在刻划为 4m 处和 9m 处同时拉紧皮尺，并让 4m 处对准直线 AB 上任意位置，在 9m 处定点 C，则 $\angle BAC$ 便是直角。

如果要求直角的两边较长，可将各边长保持“3∶4∶5”的比例，同时放大若干倍，然后进行测设。

(2) 中垂线法测设直角。如图 6-8 所示，AB 是现场上已有的一条边，要过 P 点测设与 AB 成 90°的另一条边，可用钢尺在直线 AB 上定出与 P 点距离相等的两个临时点 A' 和 B'，然后分别以 A' 和 B' 为圆心，以大于 PA' 的长度为半径，画圆弧相交于 C 点，则 PC 为 $A'B'$ 的中垂线，即 PC 与 AB 成 90°。

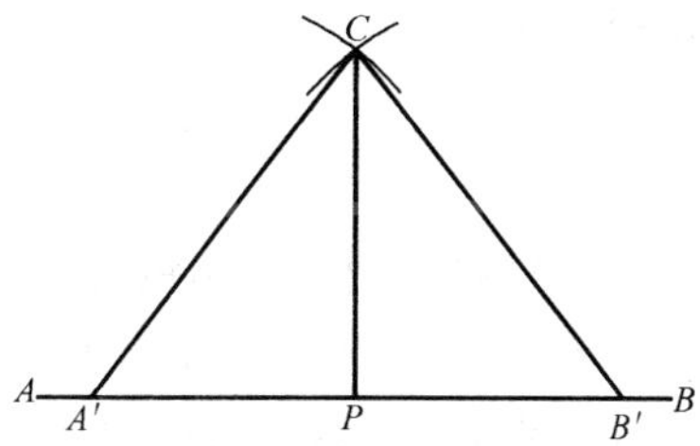

图 6-8 中垂线法测设直角

◎高程测设

高程测设是根据邻近已有的水准点或者高程标志，在现场标定出某设计高程的位置。高程测设是施工测量中常见的工作内容，一般用水准仪进行。

1. 高程测设的一般方法

如图 6-9 所示，某点 P 的设计高程为 H_P=81.200m，附近一水准点 A 的高程为 H_A=81.345m，现要将 P 点的设计高程测设在一个木桩上，其测设步骤如下：

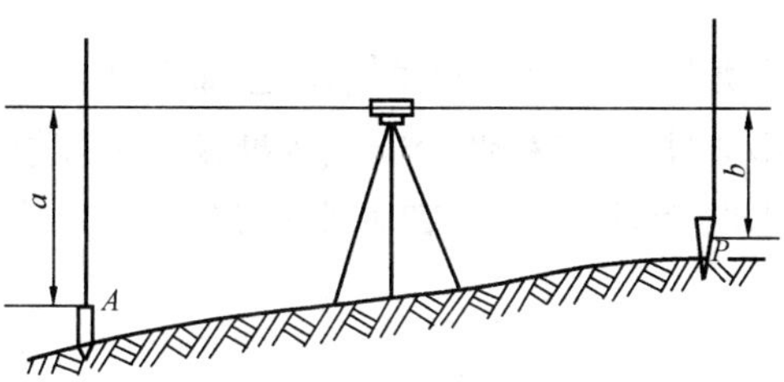

图 6-9 高程测设

(1) 在水准点 A 和 P 点木桩之间安置水准仪，后视立于水准点上的水准尺，调节符合气泡居中，读中线读数 a=1.458m；

(2) 计算水准仪前视 P 点木桩水准尺的应读读数 b。根据图 6-9 可列出式 (6-3)：

$$b=H_A+a-H_P \tag{6-3}$$

将有关的各数据代入式 (6-3) 得：

$$b=81.345+1.458-81.200=1.603\text{m}$$

前视靠在木桩一侧的水准尺，调节符合气泡居中，上下移动水准尺，当读数恰好为 b=1.603m 时，在木桩侧面沿水准尺底边画一横线，此线就是 P 点的设计高程 81.200m。

也可先计算视线高程 $H_视$，然后计算应读读数 b，即

$$H_{视}=H_A+a \tag{6-4}$$

$$b=H_{视}-H_P \tag{6-5}$$

这种算法的好处是，当在一个测站上测设多个设计高程时，先按式 (6-4) 计算视线高程 $H_视$，然后每测设一个新的高程，只需将各个新的设计高程代入式 (6-5)，便得到相应的前视水准尺应读读数，简化了计算工作，因此在实际工作

中用得更多。

2. 钢尺配合水准仪进行高程测设

当需要向深坑底或者高楼面测设高程时，因水准尺长度有限，中间又不便安置水准仪转站观测，可用钢尺配合水准仪进行高程的传递和测设。

如图 6-10 所示，已知高处水准点 A 的高程 $H_A=95.267$m，需测设低处 P 的设计高程 $H_P=88.600$m 施测时，用检定过的钢尺，挂一个与要求拉力相等的重锤，悬挂在支架上，零点一端向下，先在高处安置水准仪，读取 A 点上水准尺的读数 $a_1=1.642$m 和钢尺上的读数 $b_1=9.216$m，然后在低处安置水准仪，读取钢尺上的读数 $a_2=1.642$m，由图所示，得低处 P 点上水准尺的应读读数 b_2 的算式为

$$b_2 = H_A + a_1 - (b_1 - a_2) - H_P \tag{6-6}$$

由式（6-6）算得

$$b_2 = 95.267\text{m} + 1.642\text{m} - (9.216 - 1.642)\text{m} - 88.600\text{m} = 0.735\text{m}$$

上下移动低处水准尺，当读数恰好为 $b_2=0.735$m 时，沿尺底边画一横线即是设计高程标志。

从低处向高处测设高程的方法与此类似。如图 6-11 所示，已知低处水准点 A 的高程 H_A，需测设高处 P 的设计高程 H_P，先在低处安置水准仪，读取读数 a_1 和 b_1，然后在高处安置水准仪，读取读数 a_2，则高处水准尺的应读读数 b_2 为：

$$b_2 = H_A + a_1 + (a_2 - b_1) - H_P \tag{6-7}$$

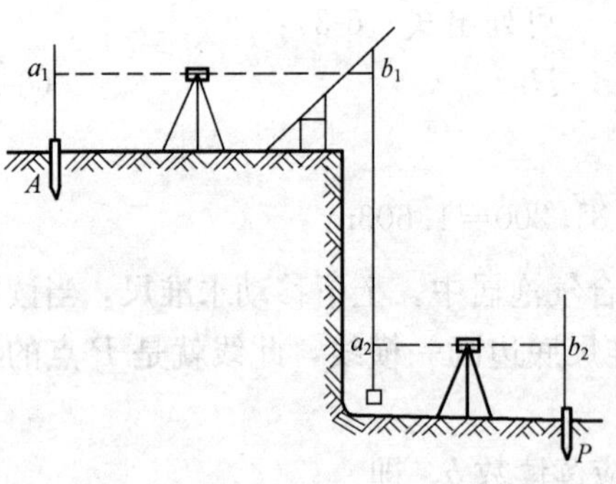

图 6-10　从高处向低处测设高程

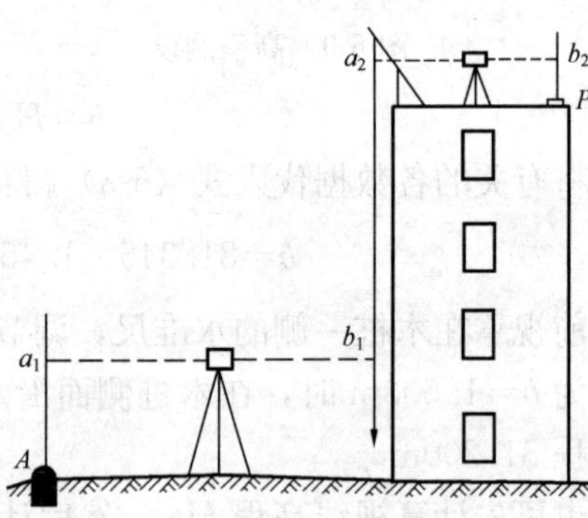

图 6-11　从低处向高处测设高程

钢尺配合水准仪进行高程测设，其算式（6-6）、式（6-7）与式（6-3）比较，只是中间多了一个往下（b_1-a_2）或者往上（a_2-b_1）传递水准仪视线高程的过程。如果现场不便直接测设高程，也可先用钢尺配合水准仪将高程引测到低处或者高处的某个临时点上，然后在临时点处按一般方法进行高程测设。

3. 简易高程测设法

在施工现场，当距离较短，精度要求不太高时，施工人员常利用连通管原理，用一条装了水的透明胶管，代替水准仪进行高程测设，方法如下：

如图 6-12 所示，设墙上有一个高程标志 A，其高程为 H_A，想在附近的另一面墙上，测设另一个高程标志 P，其设计高程为 H_P。将装了水的透明胶管的一端放在 A 点处，另一端放在 P 点处，两端同时抬高或者降低水管，使 A 端水管水面与高程标志对齐，在 P 处与水管水面对齐的高度作一临时标志 P'，则 P'高程等于 H_A，然后根据设计高程与已知高程的 $dh=H_P-H_A$，以 P'为起点垂直往上（dh 大于 0 时）或者往下（dh 小于 0 时）量取 dh，作标志 P，则此标志的高程为设计高程。

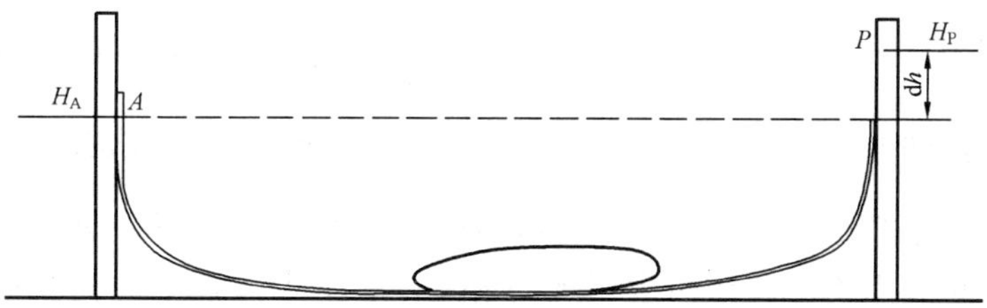

图 6-12 高程测设

使用这种方法时，应注意水管内不能有气泡，在观察管内水面与标志是否同高时，应使眼睛与水面高度一致，此外，不宜连续用此法往远处传递和测设高程。

6.2 测设点位的基本方法

在施工场地确定建筑物和构筑物的平面位置时，有时设计图纸上不直接提供有关的水平距离和水平角数据，而以一些主要点的设计坐标（X，Y）代替。此时就需要根据点的设计坐标将其实际位置在现场测设出来。测设点位的基本方法有直角坐标法、极坐标法、角度交会法和距离交会法。

◎直角坐标法

建筑物附近已有互相垂直的建筑基线或者建筑方格网时，可采用直角坐标原理确定一点的平面位置，此方法为直角坐标法。

如图 6-13 所示，已知某建筑物角点 P 的设计坐标，又知现场 P 点周围有建筑方格网顶点 A、B 和 C，其坐标已知，且 AB 平行于 y 轴，AC 平行于 x 轴，下面是用直角坐标法测设 P 的方法和步骤。

（1）根据 A 点和 P 点的坐标计算测设数据 a 和 b，其中 a 是 P 到 AB 的垂直距离，b 是 P 到 AC 的垂直距离，计算式如下：

$$\left.\begin{aligned} a &= x_P - x_A \\ b &= y_P - y_A \end{aligned}\right\} \tag{6-8}$$

（2）现场测设 P 点

1）如图 6-14 所示，安置经纬仪于 A 点，照准 B 点，沿视线方向测设距离 b，定出点 1。

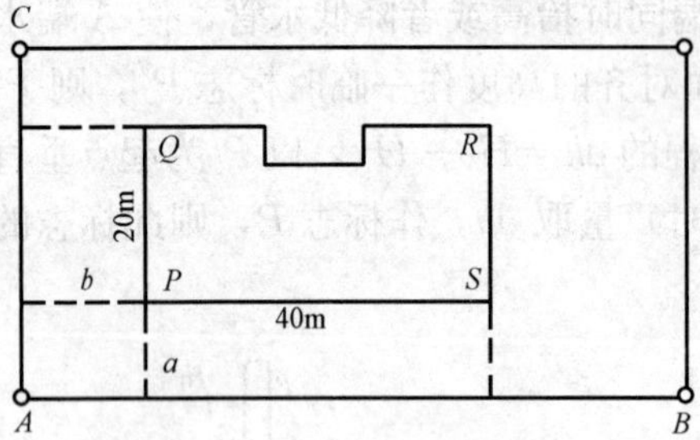

图 6-13　直角坐标法

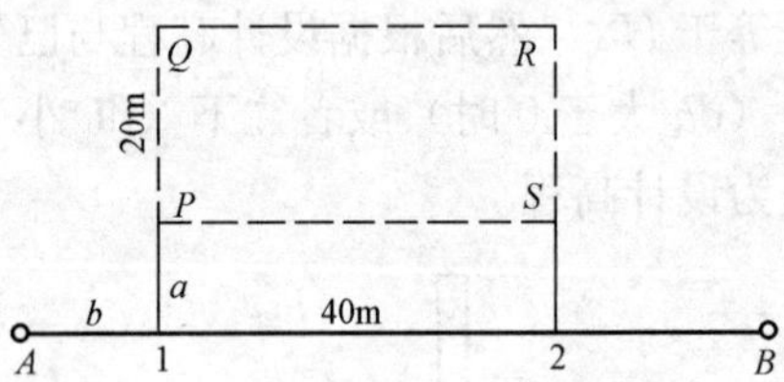

图 6-14　现场测设 P 点

2）安置经纬仪于点 1，照准 B 点，逆时针方向测设 90°角，沿视线方向测设距离 a，即可定出 P 点。也可根据现场情况，选择从 A 往 C 方向测设距离 a 定点，然后在该点测设 90°角，最后然后测设距离 b，在现场定出 P 点。如要同时测设多个坐标点，只需综合应用上述测设距离和测设直角的操作步骤，即可完成。

现设已知建筑物与建筑方格网平行，长边为 40m，短边为 20m，要求在现场测设建筑物的四个角点分别为 P、Q、R、S。

可先按上述步骤 1）定出点 1，并继续沿 AB 视线方向测设距离 40m，定出点 2，然后在点 1 安置经纬仪，测设 90°角，沿视线方向测设距离 a，定出 P 点，继续沿视线方向测设距离 20m，定出 Q 点，同法在点 2 安置经纬仪测设 S 点和 R 点。为了检核，用钢尺丈量水平距离 QR 和 PS，检查与建筑物的尺寸是否相等；然后在现场的四个角点安置经纬仪，测量水平角，检核四个大角是否为 90°。

◎极坐标法

极坐标法是根据水平角和水平距离测设地面点平面位置的方法。如图 6-15 所示，P 为要测设的待定点，A、B 为已知点。为将 P 点测设于地面，首先按坐标反算公式计算测设用的水平距离 D_{AP} 和坐标方位角 a_{AB}、a_{AP}。

$$D_{AP} = \sqrt{(x_P - x_A)^2 + (y_P - y_A)^2} \tag{6-9}$$

$$a_{AB} = \tan^{-1}\frac{y_B - y_A}{x_B - x_A} \tag{6-10}$$

$$a_{AP} = \tan^{-1}\frac{y_P - y_A}{x_p - x_A} \tag{6-11}$$

计算坐标方位角时，要根据坐标增量的符号判断直线方向的象限，才能正确地求出方位角。

测设用的水平角可按式（6-12）求得

$$\beta_1 = a_{AB} - a_{AP} \tag{6-12}$$

测设时，在A点安置经纬仪，瞄准B点，测设β_1角（注意方向），定出AP方向，沿此方向测设距离D_{AP}，即可定出P点在地面上的位置。

用全站仪进行极坐标放线方便快捷。各种型号的全站仪均设计了极坐标法测设点的平面位置的功能，可根据手工计算的B、D进行测设；如果将测站点、后视点、待定点的坐标输入全站仪，由全站仪内部程序自动解算测设数据并进行测设，则更为方便。根据各种全站仪的程序的不同，可以参照说明书使用放样程序。

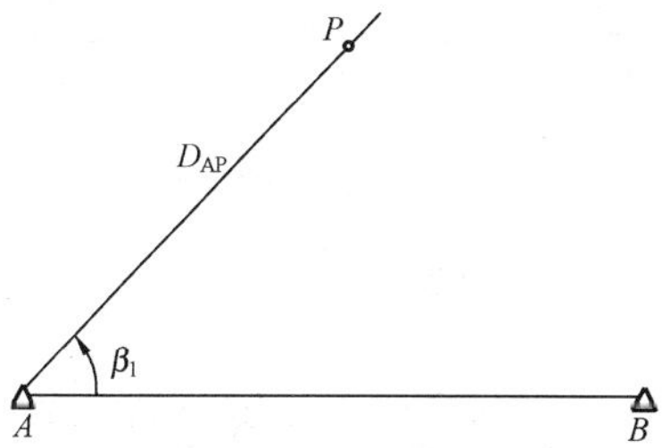

图 6-15　极坐标法

◎**角度交会法**

角度交会法是在两个或者多个控制点上安置经纬仪，通过测设两个或者多个已知角度交会出待定点的平面位置，这种方法又称为方向交会法。在待定点离控制点较远或者量距较困难的地区，常用此方法。

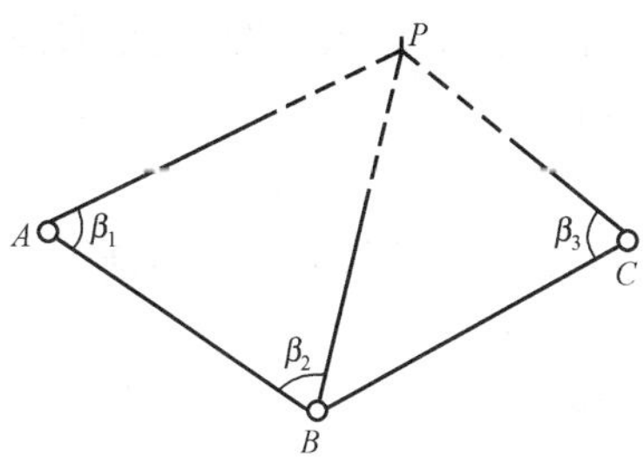

图 6-16　角度交会法

如图 6-16，根据控制点A、B、C和放样点P的坐标计算β_1、β_2、β_3角值。将经纬仪安置在控制点A上，后视点B，根据已知水平角β_1盘左盘右取平均值放样出AP方向线，在AP方向线上的P点附近打两个小木桩，桩顶钉小钉，如图 6-16 中 1、2 两点。同法，分别在B、C两点安置经纬仪，放样出 3、4 和 5、6 四个点，分别表示BP和CP的方向线。将各方向的小钉用细线拉紧，在地面上拉出三条线，如果交会没有误差，三条线将交于一点，即为所求的P点。如果三条方向线不相交于一点时，会出现一个很小的三角形，称为误差三角形。当误差三角形的边长不超过 4cm 时，可取误差三角形的重心作为所求P点的位置。如果误差三角形的边长超限，则要重新放样。

◎**距离交会法**

距离交会法是根据测设两个水平距离，交会出点的平面位置的方法。如图 6-17，A、B为已知点，P为待定点。根据坐标反算计算测设距离D_{AP}、D_{BP}。测设时，分别用两把钢尺将零点对准 A、B 点，同时拉紧并摆动钢尺，两尺读数分别为 D_{AP}、D_{BP} 时的交点即为 P 点。

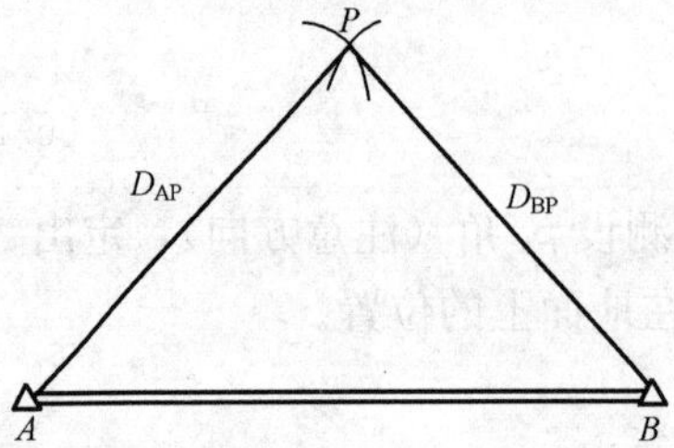

图 6-17 距离交会法

◎**例题分析**

已知 P 为施工现场一点，P 点周围有建筑方格网 A、B 和 C，AB 平行于 y 轴，AC 平行于 x 轴。现已知 A 点坐标为（567.255，257.498），P 点坐标为（601.600，295.300）。a 为 P 到 AB 的垂直距离，b 是 P 到 AC 的垂直距离，求 a、b。

解： $a=601.600-567.255=34.345\text{m}$

$b=295.300-257.498=37.802\text{m}$

6.3 建筑施工场地的控制测量

建筑场地施工测量的基本任务是按设计要求把图纸上设计的建筑物和构筑物的平面位置和高程在实地测设出来。本节主要介绍建筑场地的平面控制测量和高程控制测量。

◎**建筑场地的平面控制测量**

如果直接利用测量控制点进行建筑物定位，则存在点位较少，不便进行，也难以保证定位精度，计算工作量大。面积不大，且不十分复杂的建筑场地布设建筑基线。面积大、较复杂的建筑场地布设建筑方格网。

1. 施工坐标系与测量坐标系

(1) 施工坐标系。在实际工作中，为了方便设计与施工测量工作的进行，设计者按主要建筑物方向另行建立的独立坐标系，其坐标轴与建筑物轴线平行或者垂直，这种坐标称建筑坐标系，或者称施工坐标系。

如图 6-18 所示，施工坐标系纵轴用 A 表示，横轴用 B 表示。施工坐标系的原点设置于总平面图的西南角，以便使所有建（构）筑物的设计坐标均为正值。由于纵轴记为 A 轴，横轴记为 B 轴，因此，施工坐标也称为 A，B 坐标。设计人员在设计总平面图上给出的建筑物的设计坐标均为施工坐标。

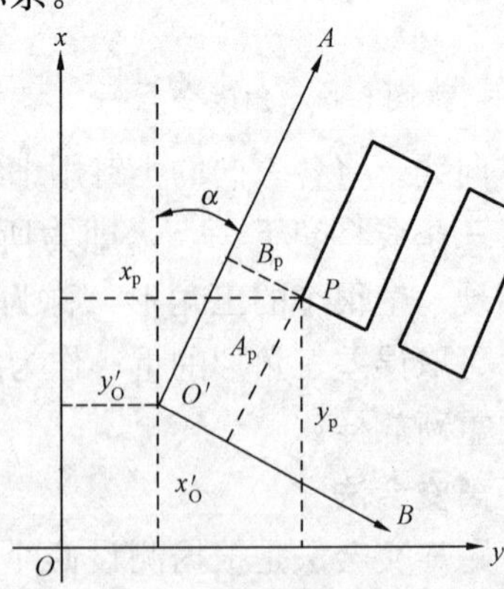

图 6-18 施工坐标系与测量坐标系

施工坐标系与测量坐标系不一致时，两者之间的关系可由施工坐标系原点 O' 的测量坐标 x'_O，y'_O 及 $O'A$ 轴的坐标方位角 α 来确定。进行施工测量时，上述数据由勘测设计单位给出。

（2）施工坐标系与测量坐标系的换算。在建筑方格网测设时，需要将主轴点的施工坐标换算成测量坐标，以便求算在测量控制点上测设主轴点的测设数据（角度、距离）；进行施工时，为了便于施工测量，对方格网点的测量坐标则要换成施工坐标，以便于测设建筑物。

如图 6-18，在测量坐标系 xOy 中，P 点的坐标为 x_p，y_p；在施工坐标系中，P 点的坐标为 A_P，B_P；x'_O，y'_O 为施工坐标系原点 O' 在测量坐标系内的坐标，α 为施工坐标系 $O'A$ 轴与测量坐标系 Ox 轴之间的夹角（即 $O'A$ 轴在测量坐标系的坐标方位角）。

将施工坐标换算为测量坐标的计算公式为

$$\left.\begin{aligned} x &= x'_O + A\cos\alpha - B\sin\alpha \\ y &= y'_O + A\sin\alpha + B\cos\alpha \end{aligned}\right\} \tag{6-13}$$

在同一施工坐标系中，x'_O，y'_O 和 α 的数值均为常数。如果将测量坐标换算为施工坐标时，计算公式为

$$\left.\begin{aligned} A &= (x - x'_O)\cos\alpha + (y - y'_O)\sin\alpha \\ B &= (y - y'_O)\cos\alpha + (x - x'_O)\sin\alpha \end{aligned}\right\} \tag{6-14}$$

2. 建筑基线

（1）布设形式。施工建筑场地不大时，根据建筑物的分布、场地的地形等因素，布设一条或者几条轴线作为施工测量的基准线，简称建筑基线。常用的形式有“—”字形、“L”形、“T”形和“+”形，如图 6-19 所示。

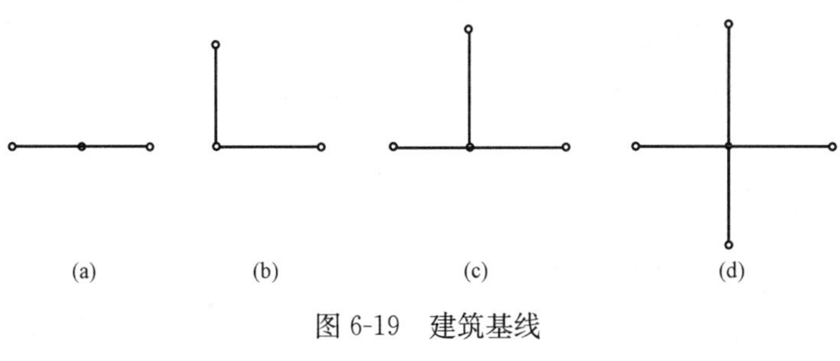

图 6-19　建筑基线

（2）建筑基线的布置要求

1）建筑基线应与主要建筑物轴线平行或者垂直，并尽可能靠近主要建筑物，以便于用直角坐标法进行测设。

2）基线点位应选在通视良好、不易被破坏的地方。为了长期保存，要埋设永久性的混凝土桩。

3）基线点不应少于三个，以便检测基线点位有无变动。

（3）建筑基线的放样方法

1）根据建筑红线放样。在老建筑区，建筑用地的边界线（建筑红线）是由城

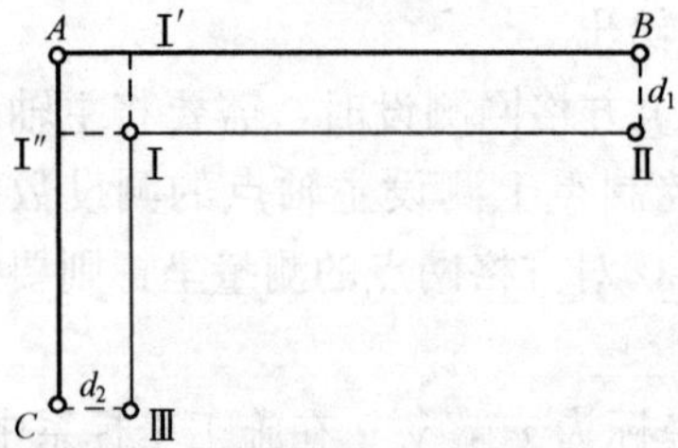

图 6-20 根据建筑红线放样

市测绘部门测设的，可作为建筑基线放样的依据。如图 6-20 所示，AB，AC 是建筑红线，Ⅰ，Ⅱ，Ⅲ是建筑基线点，从 A 点沿 AB 方向量取 d_2 定Ⅰ′点，沿 AC 方向量取 d_1，定Ⅰ″点。通过 B，C 作红线的垂线，并沿垂线量取 d_1，d_2 得Ⅱ，Ⅲ点，则Ⅱ，Ⅰ′与Ⅲ，Ⅰ″相交于Ⅰ点。Ⅰ，Ⅱ，Ⅲ点即为建筑基线点。

将经纬仪安在Ⅰ点处，精确观测∠ⅡⅠⅢ，如果建筑红线完全符合作为建筑基线的条件时，可将其作建筑基线用。

2）根据测量控制点放样。对于新建筑区来说，在建筑场地中没有建筑红线作为依据时，要利用附近已有控制点来测设建筑基线点。基线点的测量坐标一般由设计单位给出，也可由总平面图上用图解法求得某一基线点测量坐标后，按基线的方位角与距离推算出其他基线点的测量坐标值。

基线点的坐标和附近已有控制点的关系用极坐标法计算出放样数据，然后放样。如图 6-21 所示，A，B 为附近已有的控制点，Ⅰ，Ⅱ，Ⅲ为选定的建筑基线点。首先根据已知控制点和待测设点的坐标关系反算出测设数据 β_1、d_1、β_2、d_2、β_3、d_3，然后用经纬仪和钢尺按极坐标法，测设Ⅰ，Ⅱ，Ⅲ点。由于存在测量误差，测设的基线点往往不在同一直线上，精确检验∠ⅠⅡⅢ角值 β，如果此角值 β 与 180°之差超过限差±5″，则应对点位进行调整。

（4）建筑基线的调直方法。调直的方法如图 6-22 所示，当Ⅰ′，Ⅱ′，Ⅲ′不在一条直线上，应将该三点沿与基线相垂直的方向各移动相等的调整量 δ，其值

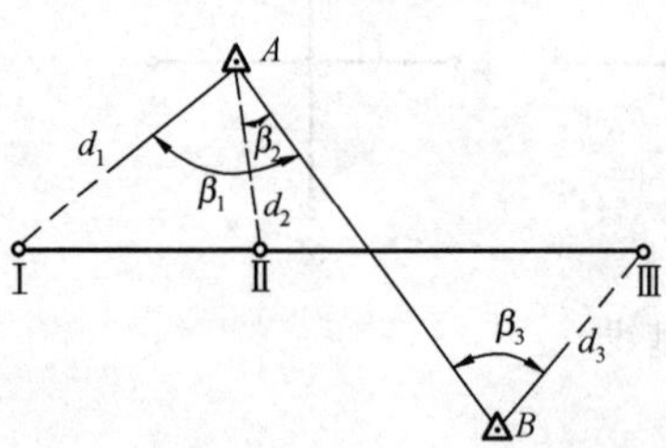

图 6-21 根据测量控制点放样

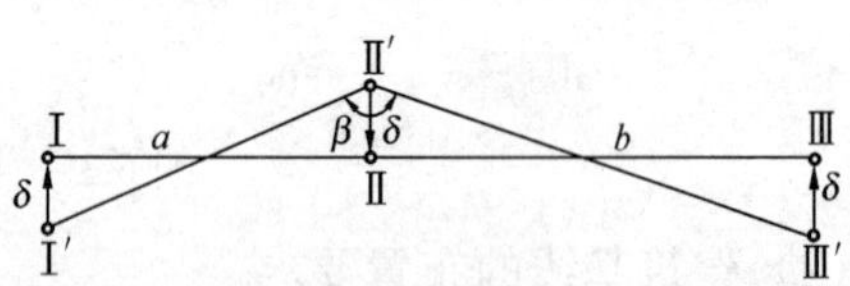

图 6-22 建筑基线的调直

按式（6-15）计算：

$$\delta = \frac{ab}{2(a+b)} \times \frac{180° - \beta}{\rho''} \tag{6-15}$$

式中 δ——各点的调整量（m）；

a——ⅠⅡ的长度；

b——ⅡⅢ的长度；

ρ''——206 265″。

计算得到调整量δ后，用钢尺在实地丈量δ值要注意丈量的方向。得到改正后的Ⅰ，Ⅱ，Ⅲ三个点用经纬仪再作检查，直至达到精度要求。

3. 建筑方格网

（1）建筑方格网的布设。由正方形或者矩形格网组成的施工控制网称为建筑方格网，或者称矩形网。它是建筑场地常用的控制网形式之一，适用于按正方形或者矩形布置的建筑群或者大型、高层建筑的场地。建筑方格网轴线与建筑物轴线平行或者垂直，因此可用直角坐标法进行建筑物的定位、放样，且精度较高。布设方格网时，应根据建（构）筑物、道路、管线的分布，结合场地的地形情况，先选定方格网的主轴线，如图 6-23 所示中 A，O，B，C，D 为主轴线点。主轴线的定位点称主点，一条主轴线的主点不少于 3 个，其中一个为纵横主轴线的交点 O。以主轴为基础再全面布设方格网。布设要求与建筑基线基本相同，另外需考虑如下几点：

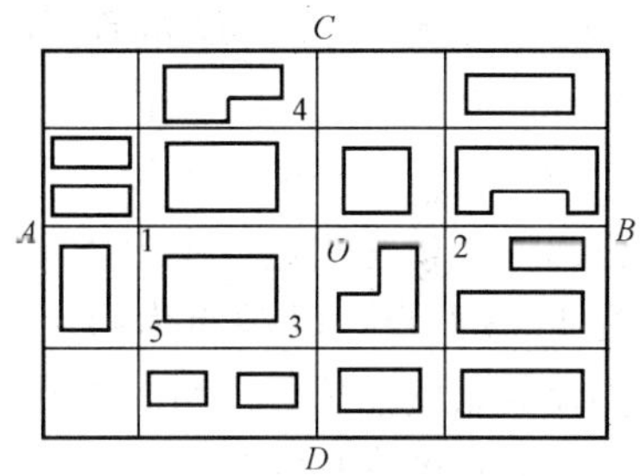

图 6-23 建筑方格网的布设

1）方格网的主轴线应选在建筑区的中部，并与总平面图上所设计的主要建筑物轴线平行。

2）纵横主轴线应严格正交成 90°，误差应在 90°±5″。

3）主轴线长度应以能控制整个长度为宜，一般为 300～500m，以保证定向精度。

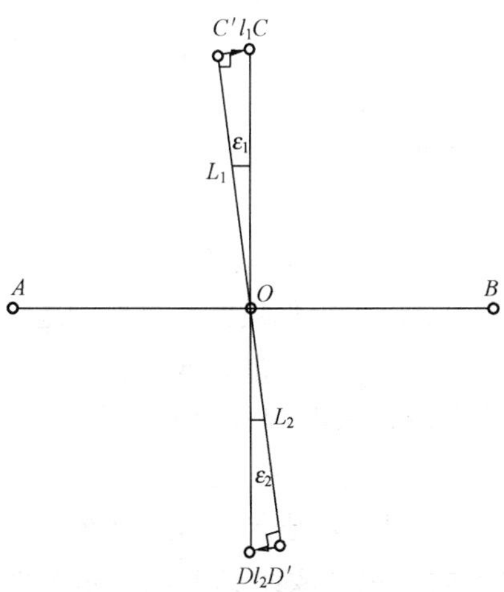

图 6-24 测设另一主轴线

4）方格网的边长一般为 100～300m，边长的相对精度视工程要求而定，一般为 1/10 000～1/30 000。相邻方格网点之间应保证通视；为便于量距和测角，点位应选在不受施工影响并能长期保存的地方。

在设计方格网时，可将方格网绘在透明纸上，然后覆盖到总平面图上移动，以求得一个合适的布网方案，最后再转绘到总平面图上。

（2）主轴线的测设。首先，应根据原有控制点坐标与主轴线点坐标计算出测设数据。然后，测设主轴线点。如图 6-24 所示，先测设长主轴线 AOB，其方法与建筑基线测设相同。再测设与长主轴线相垂直的另一主轴线 COD，此时安置经纬仪于 O 点，瞄准 A 点，依次旋转 90°和 270°，以精密量距初步定出 C'，D'点，然后，精确测定$\angle AOC'$，$\angle AOD'$，如果角值与 90°之差 ε_1 和 ε_2，再按下式计算 C'点与 D'点的改正数 l_1 和 l_2。

$$l_i = L_i \times \frac{\varepsilon_i}{\rho''} \tag{6-16}$$

式中 L_i——OC'的距离 L_1，OD'的距离 L_2；

ε_i——角值与 90°之差 ε_1 和 ε_2。

由 C'和 D'分别沿 OC'和 OD'的垂直方向改正 l_1 和 l_2 得调整后的主点 C 和 D。精密丈量 OC，OD 的距离。各轴线点应埋设混凝土桩，桩顶设置一块 10cm×10cm 的铁板，用作调整点位用。

（3）建筑方格网点测设。测设出主轴线后，如图 6-23 所示，从 O 点沿主轴线方向进行精密丈量，定出 1，2，3，4 等点，定 5 点的方法是：经纬仪分别安置在 1，3 两点，以 O 点为起始方向精密测设 90°，用角度交会法定出 5 点。同法测设其余网点位置。所有方格网点均应埋设永久性标志。

◎建筑场地的高程控制测量

建筑场地高程控制点的密度，应尽可能满足在施工放样时安置一次仪器即可测设出所需的高程点，而且，施工期间的高程控制点位置应稳固不变。对于小型施工场地，高程控制网可一次性布设，当场地面积较大时，高程控制网可分为首级网和加密网两级布设，相应的水准点称为基本水准点和施工水准点。

1. 基本水准点

基本水准点是施工场地高程首级控制点，用来检核其他水准点高程是否有变动，其位置应设在不受施工影响、无震动、便于施测和能永久保存的地方，并埋设永久性标志。在一般建筑场地上，通常埋设三个基本水准点，布设成闭合水准路线，并按城市四等水准测量的要求进行施测。对于为连续性生产车间、地下管道放样所设立的基本水准点，则需要采用三等水准测量方法进行施测。

2. 施工水准点

施工水准点用来直接测设建（构）筑物的高程。为了测设方便和减少误差，水准点应靠近建筑物，通常可以采用建筑方格网点的标桩加设圆头钉作为施工水准点。对于中、小型建筑场地，施工水准点应布设成闭合水准路线或者附合水准路线，并根据基本水准点按城市四等水准点或者图根水准测量的要求进行施测，水准点距离建筑物、构筑物不宜小于 25m，距离回填土边线不宜小于 15m。

为了施工放样的方便，在每栋较大的建筑物附近，还要测设±0.000 水准点，其位置多选在较稳定的建筑物墙、柱的侧面，用红漆绘成上顶为水平线的“▽”形。

由于施工场地环境杂乱，情况变化大，因此必须常检查施工水准点的高程有无变动。

6.4 民用建筑施工测量

民用建筑是指住宅、办公楼、商场、医院、学校等建筑物。民用建筑的施工测量任务是按照设计的要求，把建筑物的位置测设到地面上。民用建筑施工测量包括建筑物定位放线、基础工程施工测量、墙体工程施工测量等。

◎建筑物定位

1. 根据建筑方格网定位

当建筑场地上已有建筑方格网，且拟建建筑物轴线与方格网边线平行或者垂直，则可根据建筑物的角点和方格网点的坐标，用直角坐标法测设。如图 6-25 所示，建筑物定位点为 A，B，C，D，根据各点的坐标值可以计算出 $AB=a$ 和 $AD=b$，a，b 分别为建筑物的长、宽，以及 MA'，$B'N$，和 AA'，BB' 的距离值。

测设定位点的具体步骤如下所述：

(1) 在方格网点 M 上安置经纬仪，照准 N 点，沿视线方向用钢尺量取 MA' 得 A' 点，量取 $A'B'=a$ 得 B' 点，然后由 B' 点沿视线方向量取 $B'N$ 长度以作校核。

(2) 移动经纬仪于 A' 点，照准 N 点，也称后视 N 点，向左测设 90°，沿这个垂直方向量取 $A'A$ 得 A 点，然后量取建筑物的宽度 b 得 D 点。

(3) 安置经纬仪于 B' 点，同法定出 B，C 点。

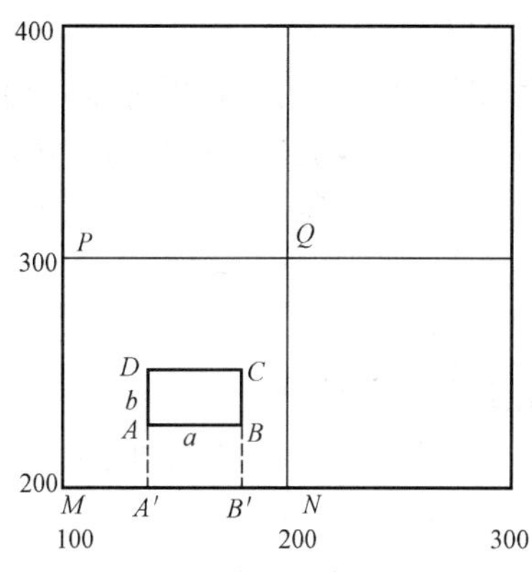

图 6-25 根据建筑方格网定位

(4) 校核应用钢尺丈量 AB，CD 及 AD，BC 的长度，检查其是否等于建筑物的设计值 a 和 b。检测距离，其值与设计长度的相对误差不应超过 1/2000。

2. 根据与原有建筑物的关系定位

在建筑区内新建或者扩建建筑物时，一般设计图上都给出新建筑物与已建建筑物或者道路中心线的相互位置关系，如图 6-26 所示。

拟建建筑物轴线 AB 在已建建筑物轴线 MN 的延长线上，可用延长直线法定位［图 6-26 (a)］。

具体操作步骤如下：

(1) 作 MN 的平行线 $M'N'$，即沿已建建筑物 PM 与 QN 墙面向外拉细线，

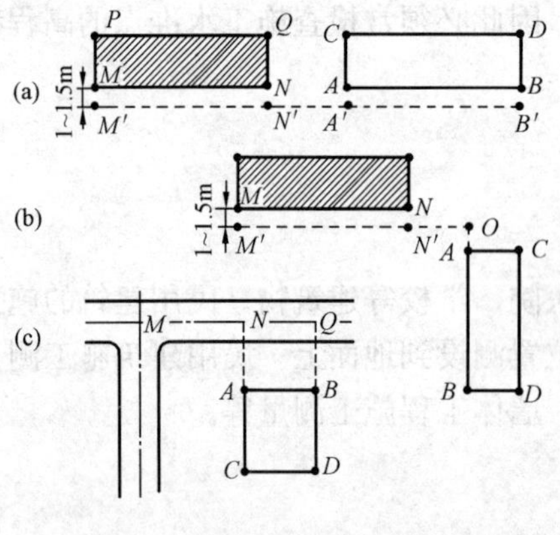

图 6-26　与原有建筑物的关系定位

量出 $MM'=NN'=a$，由此可以在地面上定出 M'和 N'两点。

(2) 在 M'点安置经纬仪照准 N'点，在其视线方向按照图纸所给定的 NA 和 AB 距离值，从 N'点用钢尺量距依次定出 A'，B'两点。

(3) 分别在 A'和 B'点上安置经纬仪，测设 90°，于相应的垂线上测设给定距离值 a，AC 和 a，BD，从而定出 A，C 点和 B，D 点。

拟建建筑物轴线 AB 垂直于已建建筑物轴线 MN，可用直角坐标法定位[图 6-26(b)]。按照图 6-26(a)与原有建筑物的关系定位所述的第一步作出 MN 的平行线 $M'N'$，然后在 N'点安置经纬仪作 $M'N'$的延长线，在 $M'N'$的延长线上用钢尺量取 $N'O$ 定出 O 点；移动经纬仪于 O 点，在 O 点照准 N'点，也称后视 N'点，向左测设 90°，沿这个垂直方向用钢尺量取 OA 距离值，定出 A 点，量取 AB 距离值，定出 B 点。同样方法，移动经纬仪于 A，B 两点，可分别定出 C 点和 D 点。

拟建建筑物 $ABCD$ 与道路中心线平行，根据图示条件，主轴线的测设仍可用直角坐标法[图 6-26(c)]。先用拉尺分中法找出道路中心线 MQ，按照给定距离值定出 N，Q 点，然后在 N 点安仪器，测设直角定 A，C，在 B 点安仪器，测设直角 B，D。

◎建筑物的放线

建筑物的放线是指根据现场上已测设好的建筑物定位点，详细测设其他各轴线交点的位置，并将其延长到安全的地方做好标志。然后以细部轴线为依据，按基础宽度和放坡要求用白灰撒出基础开挖边线。

1. 测设细部轴线交点

如图 6-27 所示，A 轴、E 轴、①轴和⑦轴是建筑物的四条外墙主轴线，其交点 A_1、A_7、E_1 和 E_7 是建筑物的定位点，这些定位点已在地面上测设完毕并打好桩点，各主次轴线间隔见图，现要测设次要轴线与主轴线的交点，下面是测设方法。

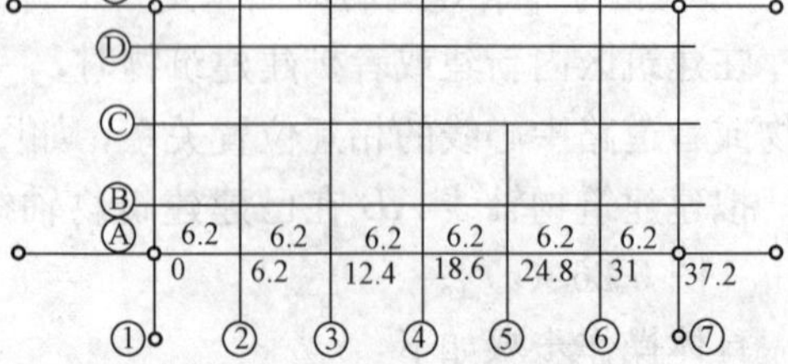

图 6-27　测设细部轴线交点

在 A_1 点安置经纬仪，照准 A_7 点，把钢尺的零端对准 A_1 点，沿视线方向拉钢尺，在钢尺上读数等于①轴和②轴间距（6.2m）的地方打下木桩，打的过程中要常用仪器检查桩顶是否偏离视线方向，并不时拉一下钢尺，钢尺读数是否还在桩顶上，如有偏移要及时调整。打好桩后，用经纬仪视线指挥在桩顶上画一条纵线，然后拉好钢尺，在读数等于轴间距处画一条横线，两线交点即Ⓐ轴与②轴的交点 A_2。

在测设 Ⓐ轴与③轴的交点 A_3 时，方法同上，注意仍然要将钢尺的零端对准 A_1 点，并沿视线方向拉钢尺，而钢尺读数应为①轴和③轴间距（12.4m），这种做法可以减小钢尺对点误差，避免轴线总长度增长或者减短。如此依次测设 Ⓐ轴与其他有关轴线的交点。测设完最后一个交点后，用钢尺检查各相邻轴线桩的间距是否等于设计值，相对误差应小于 1/3000。

测设完 Ⓐ轴上的轴线点后，用同样的方法测设Ⓔ轴、①轴和⑦轴上的轴线点。如果建筑物尺寸较小，也可用拉细线绳的方法代替经纬仪定线，然后沿细线绳拉钢尺量距。此时要注意细线绳不要碰到物体，风大时也不宜作业。

2. 引测轴线

在基槽或者基坑开挖时，定位桩和细部轴线桩会被挖掉，为了便于开挖后各阶段施工能准确地恢复各轴线位置，应把各轴线延长到开挖范围以外的地方并作好标志，称为引测轴线，有轴线控制桩和设置龙门板两种方法。

（1）轴线控制桩法。由于龙门板需要较多木料，而且占用场地，使用机械开挖时容易被破坏，因此也可以在基槽或者基坑外各轴线的延长线上测设轴线控制桩，作为以后恢复轴线的依据。即使采用了龙门板，为了防止被碰动，对主要轴线也应测设轴线控制桩。

轴线控制桩一般设在开挖边线 4m 以外的地方，并用水泥砂浆加固。最好是附近有固定建筑物和构筑物，这时应将轴线投测在这些物体上，使轴线更容易得到保护，但每条轴线至少应有一个控制桩是设在地面上的，以便今后能安置经纬仪来恢复轴线。

轴线控制桩的引测主要采用经纬仪法，当引测到较远的地方时，要注意采用盘左和盘右两次投测取中法来引测，以减少引测误差和避免错误的出现。

（2）龙门板法。在建筑物四角和中间隔墙的两端，距基槽边线约 2m 以外，牢固地埋设大木桩，称为龙门桩，并使桩的一侧平行于基槽，如图 6-28 所示。

1）根据附近水准点，用水准仪将±0.000 标高测设在每个龙门桩的外侧上，并画出横线标志。如果现场条件不允许，也可测设比±0.000 高或者低一定数值的标高线，同一建筑物最好只用一个标高，如因地形起伏大用两个标高时，一定要标注清楚，避免使用时发生错误。

2）在相邻两龙门桩上钉设木板，称为龙门板，龙门板的上沿应和龙门桩上的横线对齐，使龙门板的顶面标高在一个水平面上，并且标高为±0.000，龙门板顶面标高的误差应在±5mm 以内。

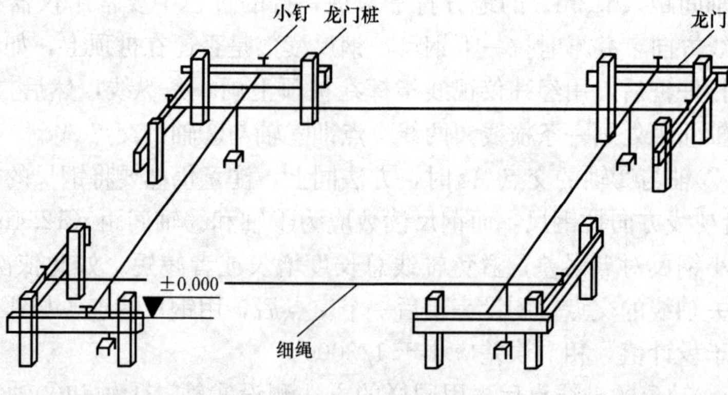

图 6-28　龙门板法

3）根据轴线桩，用经纬仪将各轴线投测到龙门板的顶面，并钉上小钉作为轴线标志，称为轴线钉，投测误差应在±5mm以内。对小型的建筑物，也可用拉细线绳的方法延长轴线，然后钉上轴线钉，如事先已打好龙门板，可在测设细部轴线的同时钉设轴线钉，以减少重复安置仪器的工作量。

4）用钢尺沿龙门板顶面检查轴线钉的间距，其相对误差不应超过1/3000。

5）恢复轴线时，将经纬仪安置在一个轴线钉上方，照准相应的另一个轴线钉，其视线即为轴线方向，往下转动望远镜，便可将轴线投测到基槽或者基坑内。也可用白线将相对的两个轴线钉连接起来，借助于垂球，将轴线投测到基槽或者基坑内。

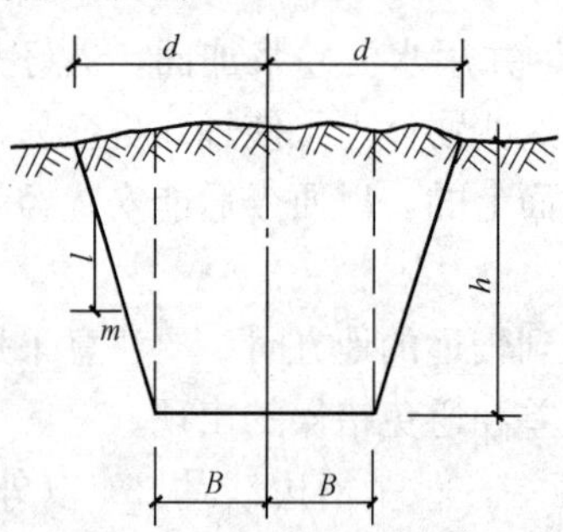

图 6-29　基槽的开挖宽度

3. 撒开挖边线

先按基础剖面图给出的设计尺寸，计算基槽的开挖宽度 d，如图 6-29 所示。

$$d=B+mh \tag{6-17}$$

式中：B 为基底宽度，可由基础剖面图查取；h 为基槽深度；m 为边坡坡度的分母。然后根据计算结果，在地面上以轴线为中线往两边各量出 $d/2$，拉线并撒上白灰，即为开挖边线。如果是基坑开挖，则只需按最外围墙体基础的宽度及放坡确定开挖边线。

◎基础工程施工测量

1. 基槽开挖边线放线与水平桩的测设

（1）基槽开挖边线放线。在基础开挖之前应按照基础详图上的基槽宽度然后加上口放坡的尺寸，由中心桩向两边各量出相应尺寸，并作出标记；然后在基槽两端的标记之间拉一细线，沿着细线在地面用白灰撒出基槽边线，施工时就按此灰线进行开挖。

(2) 测设水平桩。为了控制基槽开挖深度，在即将挖到槽底设计标高时，用水准仪在槽壁上测设一些水平的小木桩，如图 6-30，使木桩的上表面离槽底设计标高为一固定值（如 0.500m），用以控制挖槽深度。为了施工时使用方便，一般在槽壁各拐角处和槽壁每隔 3～4m 处均测设一水平桩，水平桩可作为挖槽深度、修平槽底和打基础垫层的依据。水平桩高程测设允许误差为±10mm。如图 6-30 所示，假设槽底设计标高为－2.200m，按图中所列数据，测站上应有的前视读数为 $a+1.700$（a 为后视读数），此时打水平桩，则水平桩的标高即为－1.700m。施工时，自水平桩面向下量取 0.500m 即为槽底的设计位置。

2. 基础施工测量

(1) 垫层中线的测设。基础垫层浇筑后，根据龙门板上的轴线钉或者轴线控制桩，用经纬仪或者用拉绳挂垂球的方法，如图 6-31 所示，把轴线投测到垫层面上，并用墨线弹出墙中心线和基础边线，作为砌筑基础的依据。由于整个墙身砌筑均以此线为准，所以要进行严格校核。

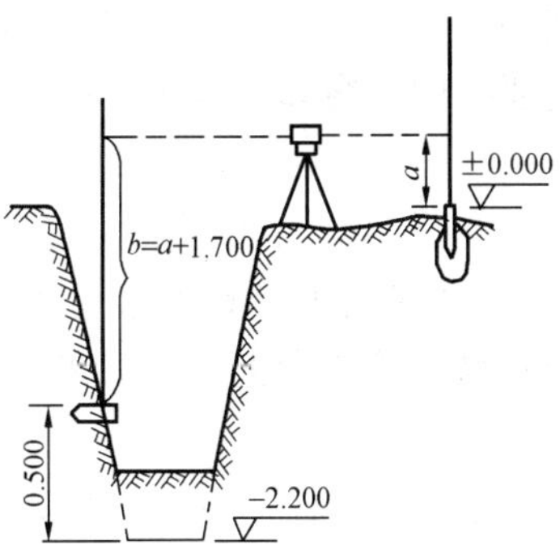

图 6-30 测设水平桩

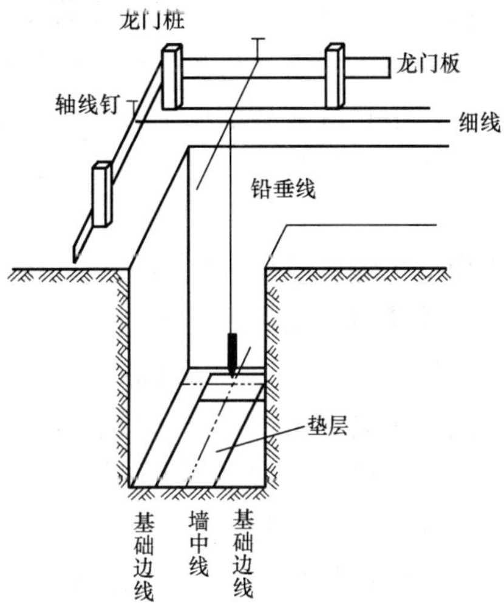

图 6-31 基础垫层中线的测设

(2) 基础墙标高的控制。墙中心线投在垫层上，用水准仪检测各墙角垫层面标高后，即可开始基础墙（±0.00以下的墙）的砌筑。基础墙的高度是用基础“皮数杆”控制的。皮数杆用一根木杆制成，在杆上按照设计尺寸将砖和灰缝的厚度，分皮一一画出，每五皮砖注上皮数（基础皮数杆的层数从±0.000 向下注记）并标明

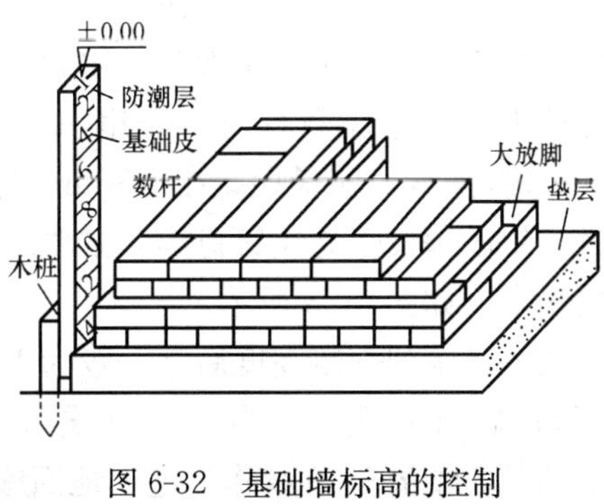

图 6-32 基础墙标高的控制

±0.000、防潮层和需要预留洞口的标高位置等（图 6-32）。

立皮数杆时，可先在立杆处打一木桩，用水准仪在木桩侧面定出一条高于垫层标高某一数值的水平线；然后将皮数杆上标高相同的一条线与木桩上的水平线对齐，并用大铁钉把皮数杆与木桩钉在一起，作为基础墙砌筑的标高依据。

当基础墙砌到±0.000 标高下一皮砖时，要测设防潮层标高，容许误差为不大于±5mm。有的防潮层是在基础墙上抹一层防水砂浆，也作为墙身砌筑前的抹平层。

基础施工结束后，应检查基础面的标高是否符合设计要求。可用水准仪测出基础面四角和其他轴线交点是否水平，其高程与设计高程相比较，允许误差为±10mm。

◎墙体工程施工测量

1. 首层楼房墙体施工测量

(1) 墙体轴线测设。基础工程结束后，应对龙门板或者轴线控制桩进行检查复核。复核无误后，可根据轴线控制桩或者龙门板上的轴线钉，用经纬仪法或者拉线法，把首层楼房的墙体轴线测设到防潮层上，并弹出墨线，然后用钢尺检查墙体轴线的间距和总长是否等于设计值，用经纬仪检查外墙轴线四个主要交角是否等于 90°。符合要求后，把墙轴线延长到基础外墙侧面上并弹线和做出标志，作为向上投测各层楼房墙体轴线的依据。同时还要把门、窗和其他洞口的边线也在基础外墙侧面上做出标志。

墙体砌筑前，根据墙体轴线和墙体厚度弹出墙体边线，照此进行墙体砌筑。砌筑到一定高度后，用吊锤线将基础外墙侧面上的轴线引测到地面以上的墙体上，以免基础覆土后看不见轴线标志。如果轴线处是钢筋混凝土柱，则在拆柱模后将轴线引测到桩身上。

(2) 墙体标高的测设。墙体砌筑时，标高用墙身“皮数杆”控制。皮数杆上根据设计尺寸，按砖和灰缝厚度画线，并标明门、窗、过梁、楼板等的标高位置。杆上标高注记从±0.000 向上增加。

墙身皮数杆一般立在建筑物的拐角和内墙处，固定在木桩或者基础墙上。为了便于施工，采用里脚手架时，皮数杆立在墙的外边；采用外脚手架时，皮数杆立在墙里边。立皮数杆时，先用水准仪在立杆处的木桩或者基础墙上测设出±0.000标高线，测量误差在±3mm 以内，然后把皮数杆上的±0.000 线与该线对齐，用吊锤校正并用钉钉牢，必要时可在皮数杆上加钉两根斜撑，以保证皮数杆的稳定，如图 6-33 所示。

墙体砌筑到一定高度后（一般为 1.5m 左右）应在内外墙面上测设出+0.50 m 标高的水平墨线，称为“+50 线”。外墙的+50 线作为向上传递各楼层标高的依据，内墙的+50 线作为室内地面施工及室内装修的标高依据。

(3) 建筑物楼梯的施工测量

1) 预制式楼梯安装放线。首先，应从50线上量砖墙的实际砌筑高度，检查休息平台的下平标高是否符合设计要求，如符合便可吊装休息平台板，高度允许偏差为±10m。待第二块休息平台板安装后，需在两块休息平台板之间试放楼梯木样板，如图6-34所示。在修正第二块休息平台板时，注意其标高的准确。因为有时楼层地面的做法与楼梯间的做法不一样，休息平台板可能比楼板稍高，否则做地面时会出现高度差，无法弥补。

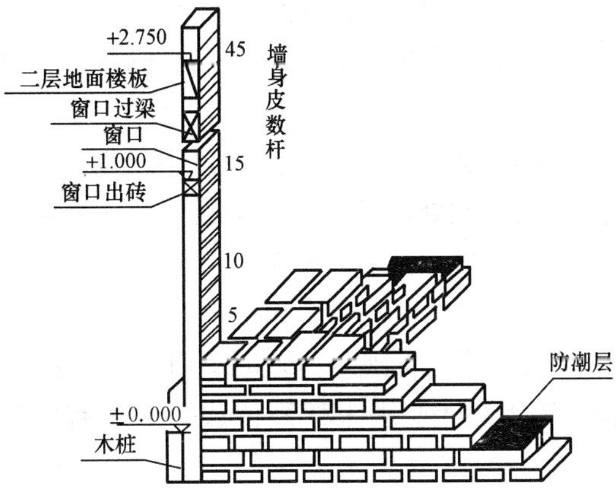

图6-33 墙体标高的测设

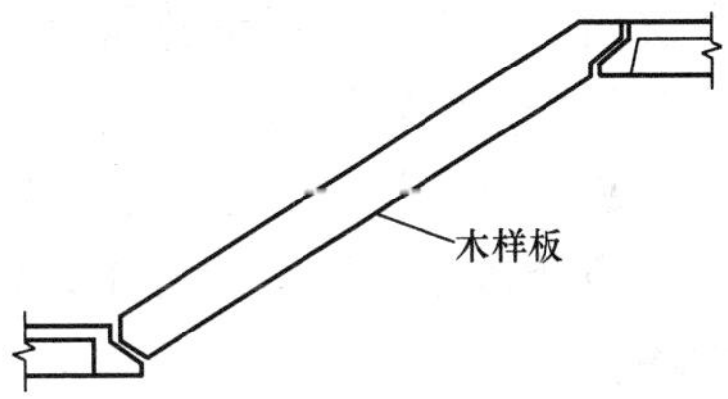

图6-34 预制式楼梯安装放线

2) 现浇式楼梯放线。当砖墙砌筑到第一块休息平台板时，放线人员应配合砌筑工预留出休息平台板上梁和板的支座孔洞，如图6-35所示。在第二块休息平台板处预留出孔洞。当楼梯间墙体砌完后，在墙面弹出楼梯坡度线及踏步线，作为木工支楼梯模板的依据。

当由砖墙支承踏步模板时，应在砖墙上留斜槽。这时放线人员应在休息平台板处立上皮数杆。如果为现浇板，则可在皮数杆上挂线，使砌筑工砌墙留斜楂时有所依据。同时，应将斜楂用干砖顶住，否则因砖墙偏心受压，可能会发生偏斜或者倒塌。

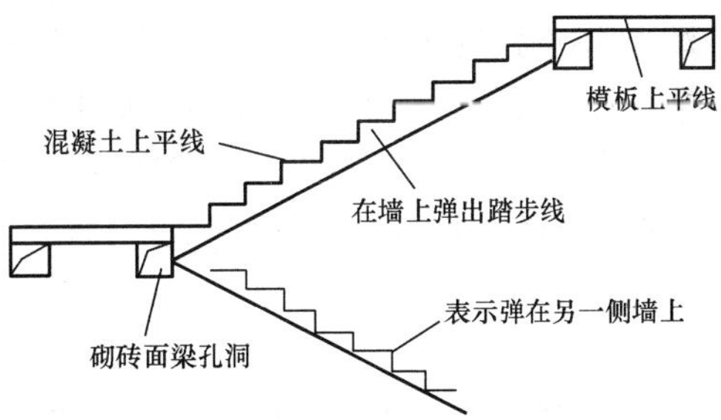

图6-35 现浇式楼梯放线

2. 二层以上楼层墙体施工测量

(1) 轴线投测。每层楼面建好后，为了保证继续往上砌筑墙体时，墙体轴线均与基础轴线在同一铅垂面上，应将基础或者首层墙面上的轴线投测到楼面上，并在楼面上重新弹出墙体的轴线，检查无误后，以此为依据弹出墙体边线，然后往上砌筑。这个测量工作的关键是从下往上进行轴线投测，一般多层建筑常用吊锤线。将较重的垂球悬挂在楼面的边缘，慢慢移动，使垂球尖对准地面上的轴线标志，或者使吊锤线下部沿垂直墙面方向与底层墙面上的轴线标志对齐，吊锤线上部在楼面边缘的位置就是墙体轴线位置，在此画一短线作为标志，便在楼面上得到轴线的一个端点，同法投测另一端点，两端点的连线即为墙体轴线。

一般将建筑物的主轴线都投测到楼面上来，并弹出墨线，用钢尺检查轴线间的距离，相对误差不得大于1/3000，符合要求后，以这些主轴线为依据，用钢尺内分法测设其他细部轴线。在困难的情况下至少要测设两条垂直相交的主轴线，检查交角合格后，用经纬仪和钢尺测设其他主轴线，然后根据主轴线测设细部轴线。

风对吊锤线法的影响很大，楼层越高影响越大。因此，应在风小时作业，投测时应待吊锤稳定下来后然后在楼面上定点。此外，每层楼面的轴线均应直接由底层投测上来，以保证建筑物的总竖直度，只要注意到这些问题，用吊锤线法进行多层楼房的轴线投测的精度是有保证的。

（2）标高传递。多层建筑物施工，要由下往上将标高传递到新的施工楼层，以便控制新楼层的墙体施工，使其标高符合设计要求。标高传递一般可有两种方法：

1）利用钢尺传递标高。在要求较高标高精度时，可用钢尺从底层的＋50.000标高线起往上直接丈量，把标高传递到第二层去，然后根据传递上来的高程测设第二层的地面标高线，以此为依据立皮数杆。在墙体砌到一定高度后，用水准仪测设该层的＋50.000标高线，然后往上一层的标高就可以此为准用钢尺传递，依次类推，逐层传递标高。

2）利用皮数杆传递标高。一层楼房墙体砌完并打好楼面后，把皮数杆移二层继续使用。为了使皮数杆立在同一水平面上，用水准仪测定楼面四角的标高，取平均值作为二楼的地面标高，并在立杆处绘出标高线，立杆时将皮数杆的±0.000线与该线对齐，然后以皮数杆为标高依据进行墙体砌筑。依此同法逐层往上传递高程。

6.5 高层建筑的施工测量

高层建筑建筑物层数多、高度高、建筑结构复杂、设备及装修标准高。施工过程中对建筑各部的水平位置、垂直度和轴线位置尺寸、标高等要求都十分严格。高层建筑施工工程量大、多设地下工程，同时一般多是分期施工，周期长，施工现场变化不大。所以，进行高层建筑施工测量之前，必须谨慎地制定测设方案，选用适当仪器。本节主要介绍高层建筑施工控制测量、高层建筑基础施工测量、高层建筑的轴线投测、高层建筑的高程传递、滑模施工中的测量工作。

◎高层建筑施工控制测量

1．施工控制网的布设

高层建筑必须建立施工控制网。其平面控制一般布设建筑方格网较为实用，且使用方便，精度可以保证，自检也方便。建立建筑方格网，必须从整个施工过程考虑打桩、挖土、浇筑基础垫层及其他施工工序中的轴线测设均能应用所布设的施工控制网。由于打桩、挖土对施工控制网的影响较大，除了常进行控制网点的复测校核之外，最好随着施工的进行，将控制网延伸到施工影响区之外。而且，必须及时地伴随着施工将控制轴线投测到相应的建筑面层上，这样就可以根据投测的控制轴线进行柱列轴线等细部放样，以备绑扎钢筋、立模板和浇筑混凝土之用。为了将设计的高层建筑测设到实地，同时简化设计点位的坐标计算和在现场便于建筑物细部放样，该控制网的轴系要严格平行于建筑物的主轴线或者道路的中心线。施工方格网的布设必须与建筑总平面图相配合。

建筑方格网的实施，与一般建筑场地上所建立的控制网实施过程一样：

（1）在建筑总平面图上设计。

（2）依据高等级测图点用极坐标法或者是直角坐标法在实地测设。

（3）进行校核调整，保证精度在允许的限差范围之内。

高层建筑施工场地上的高程控制点，必须联测到国家水准点上或者城市水准点上。高层建筑物的外部水准点高程系统应与城市水准点的高程系统统一，因为要由城市向建筑场区敷设许多管道和电缆等。

一般高层建筑施工场地上的高程控制网用三、四等水准测量方法进行施测，且应把建筑方格网的方格点纳入到高程系统中，以保证高程控制点密度，满足工程建设高程测设工作所需。所建网型一般为附合水准或闭合水准。

2．高层建（构）筑物主要轴线的定位

在软土地基区的高层建筑其基础常用桩基，桩基础的作用在于将上部建筑结构的荷载传递到深处承载力较大的持力层中。其分为预制桩和灌注桩两种，一般都打入钢管桩或者钢筋混凝土方桩。其一般特点是：基坑较深，且位于市区，施工场地不宽畅；建筑物的定位大都是根据建筑施工方格网或者建筑红线进行。由于高层建筑的上部荷载主要由桩承受，因此对桩位的定位精度要求较高，一般规定，根据建筑物主轴线测设桩基和板桩轴线位置的允许偏差为20mm，对于单排桩则为10mm。沿轴线测设桩位时，纵向（沿轴线方向）偏差不宜大于3cm，横向偏差不宜大于2cm。位于群桩外周边上的桩，测设偏差不得大于桩径或者桩边长（方形桩）的1/10；桩群中间的桩则不得大于桩径或者边长的1/5。所以在定桩位时必须依据建筑施工控制网实地定出控制轴线，然后按设计的桩位图中所示尺寸逐一定出桩位，实地控制轴线测设好后，务必进行校核，检查无误后，方可进行桩位的测设工作。

建筑施工控制网一般都确定一条或者两条主轴线。在建筑物放样时，按照建筑物柱列线或者轮廓线与主控制轴线的关系，依据场地上的控制轴线逐一定出建筑物的轮廓线。对于目前一些几何图形复杂的建筑物，可使用全站仪采用极坐标法进行建筑物的定位。具体做法为：通过图纸将设计要素如轮廓坐标、曲线半径、圆心坐标及施工控制网点的坐标等识读清楚，并计算各自的方向角及边长，再在控制点上安置全站仪（或者经纬仪）建立测站，按极坐标法完成各点的实地测设。将所有建筑物轮廓点定出后，然后检查是否满足设计要求。

◎高层建筑基础施工测量

在高层建筑中，多采用箱形基础。箱形基础挖深较大，有时深达 20m，施工测量要注意以下几项工作。

1. 施工控制点的保存

由于施工场地狭窄，建筑设备、材料、作业区布置紧凑，基础施工过程中降水、土的侧压力等因素造成地表沉降、基坑壁水平位移等，因此对点位要采取较好的保存措施，施工场地内的点应围砌护墩，将这些点位的后视方向投测到施工范围外的建筑物上，也可瞄准远处一些地物，记录各方向读数以备作为后视检核控制点是否发生位移，并应尽可能将坐标或者轴线方向与高程引测至施工范围外作备用点位保存。

2. 基坑的标定

根据建筑物的大小、几何图形的繁简程度、施工场地条件等因素，可考虑如下方案：

(1) 按设计要素计算出各基坑轮廓点的施工坐标，根据施工场地上已有的导线点、建筑方格（基线）点，以极坐标法测设这些基坑轮廓点以确定开挖范围。

(2) 根据建筑红线、现有建筑物、建筑方格网（基线）、导线点等，测设建筑物的主轴线，然后根据主轴线控制点测设基坑开挖范围。

(3) 在施工场地上已进行了建筑物定位，根据施工场地上建筑物角桩或者其轴线控制桩测设基坑开挖范围。

3. 基坑支护工程的监测

通常情况下，由于施工场地狭窄，不可能采用放坡开挖施工，为保证土壁的稳定，深基坑一般需要采用挡土支护措施。为此需要对基坑支护结构的变形以及基坑施工对周围建筑物的影响进行现场监测，以便为基坑施工以及周围环境保护问题做出合理的技术决策和现场的应变决定提供有效的依据。基坑支护工程的沉降监测和水平位移监测方法和一般建筑物的变形监测原理相同。结合到建筑施工工地的特点，对支护工程的平面位移多采用视准线法。这种方法方便易行，但在狭窄的施工现场布设四条基线通常比较困难。现在，对有全站仪的单位，可以采用全站仪监测法。

观测中应注意的事项如下：

（1）基准点应选在与所有观测点通视的地方，最好做成强制对中式的观测墩，这样可消除对中误差，同时提高工作效率，而且在繁杂的工地上也易于得到保护。

（2）基准方向至少选两个，每次观测时可以检查基准线间夹角，以便间接检查基准点的稳定性。

（3）观测点应设置在支护的柱或者圈梁上，应当稳固且尽可能明显，以提高成果质量。

（4）监测成果应及时反馈给有关各方，及时解决施工中出现的问题。

4. 基坑的高程测设

高程控制测量，可以采用悬吊钢尺的方法将高程传递到基坑中，也可以利用土方施工中的工作面，以水准测量方法传递高程。在坑底设置多个临时水准点，并应通过检核使其精度符合要求，供基坑中垫层、模板支护、基础浇筑等项施工的高程测设之用。

5. 基础轴线的测设

在基础垫层上，根据基坑周围的导线点、建筑方格（基线）点或者建筑物主轴线控制桩，在基坑底进行建筑物定位，并测设各轴线，检查各项均应符合精度要求。

某些建筑物采用箱基和桩基联合的基础形式。在测设基础各轴线后，根据桩位平面图，测设桩位。

◎高层建筑的轴线投测

1. 经纬仪投测法

当施工场地比较宽阔时，多使用此法进行竖向投测（图 6-36），安置经纬仪于轴线控制桩上，严格对中整平，盘左照准建筑物底部的轴线标志，往上转动望远镜，用其竖丝指挥在施工层楼面边缘上画一点，然后盘右再次照准建筑物底部的轴线标志，同法在该处楼面边缘上画出另一点，取两点的中间点作为轴线的端点。其他轴线端点的投测与此相同。

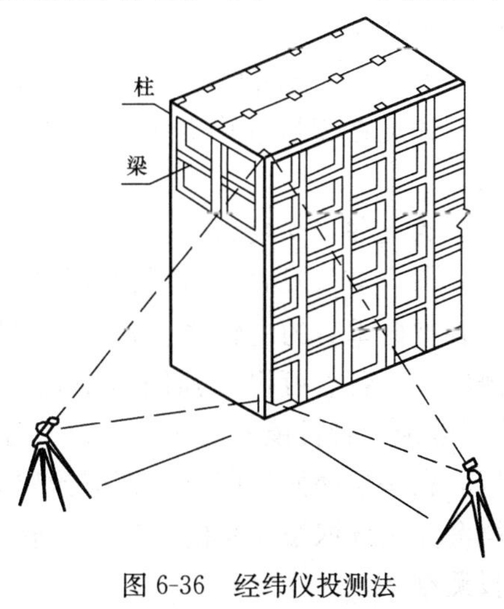

图 6-36 经纬仪投测法

当楼层建得较高时，经纬仪投测时的仰角较大，操作不方便，误差也较大，此时应将轴线控制桩用经纬仪引测到远处（大于建筑物高度）稳固

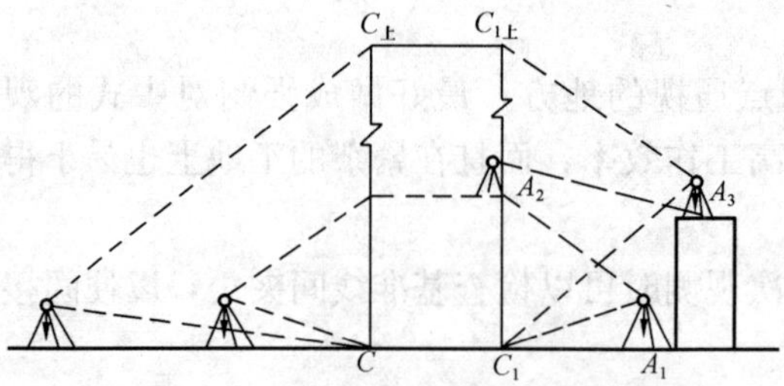

图 6-37 高层建筑的轴线投测

的地方，然后继续往上投测。如果周围场地有限，也可引测到附近建筑物的屋面上。如图 6-37 所示，先在轴线控制桩 A_1 上安置经纬仪，照准建筑物底部的轴线标志，将轴线投测到楼面上 A_2 点处，然后在 A_2 上安置经纬仪，照准 A_1 点，将轴线投测到附近建筑物屋面上 A_3 点处，以后就可在 A_3 点安置经纬仪，投测更高楼层的轴线。注意上述投测工作均应采用盘左盘右取中法进行，以减少投测误差。

所有主轴线投测上来后，应进行角度和距离的检核，合格后以此为依据测设其他轴线。

2. 吊线坠法

这种方法适用于高度在 50～100m 的高层建筑施工中。它是利用钢丝悬挂重垂球的方法，进行轴线竖向投测。垂球重量随施工楼面高度而异，约 15～25kg，钢丝直径约为 1mm。投测方法如下：

在预留孔上面安置十字架，挂上垂球，对准首层预埋标志（图 6-38）。当垂球线静止时，固定十字架，并在预留孔四周作出标记，作为以后恢复轴线及放样的依据。此时，中心即为轴线控制点在该楼面上的投测点。

用吊线坠法施测时，要采取一定的措施，一般是将重锤浸在废机油中并采取挡风措施，以减少摆动。

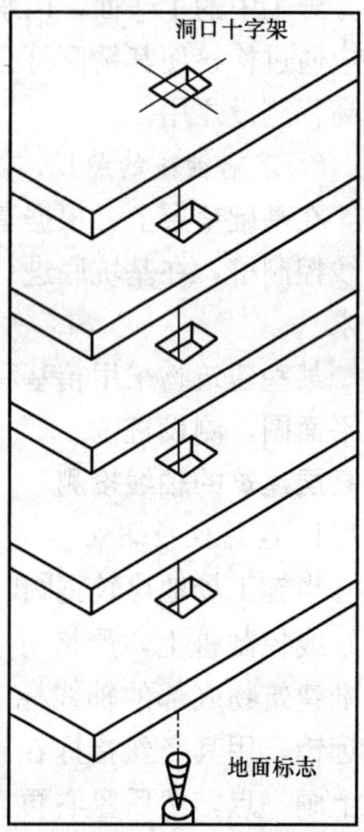

图 6-38 吊线坠法

3. 激光铅垂仪投测轴线

如图 6-39(a)所示，首先根据梁、柱的结构尺寸，在彼此垂直的主轴线上各分别选定距轴线 0.5～1.0m 的投测点。为提高投测精度，各点可设成强制对中式的观测墩。在各点上分别安置激光铅垂仪（或者装配弯管目镜的激光经纬仪、普通经纬仪），如图 6-39(b)。根据观测站位置，在每层楼面相应位置都应预留孔洞，供铅垂仪照准及安放接收屏之用。根据激光束读取激光靶的读数，并转动照准部，以对称的 3～4 个方向的中心为投测结果。

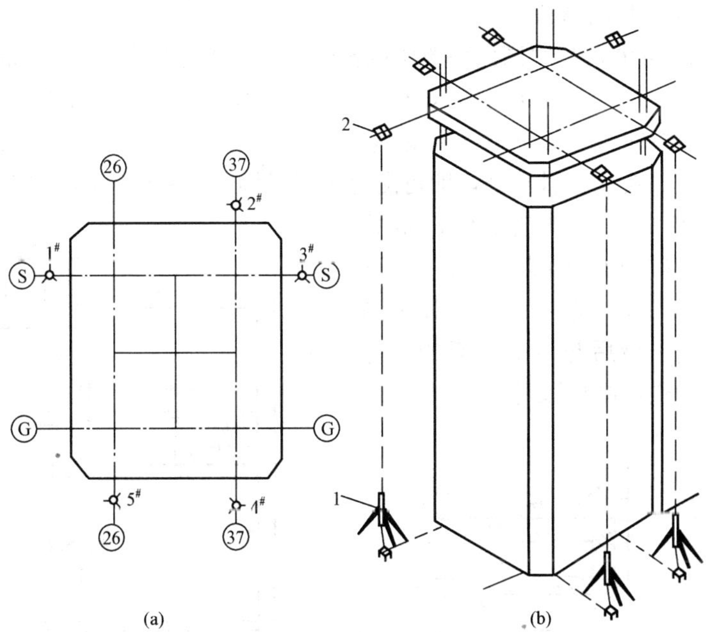

图 6-39 激光铅垂仪投测轴线

(a) 选定投测点；(b) 在选点上安置激光铅垂仪

◎**高层建筑的高程传递**

高层建筑施工中，要由下层楼面向上层传递高程，以使上层楼板、门窗、室内装修等工程的标高符合设计要求。传递高程的方法有钢尺直接丈量法、悬吊钢尺法、全站仪天顶测高法等几种。

1. 利用钢尺直接丈量

在标高精度要求较高时，可用钢尺沿某一墙角自±0.000 标高处起直接丈量，把高程传递上去。然后根据下面传递上来的高程立皮数杆，作为该层墙身砌筑和安装门窗、过梁及室内装修、地坪抹灰时控制标高的依据。

2. 悬吊钢尺法（水准仪高程传递法）

根据高层建筑物的具体情况也可用水准仪高程传递法进行高程传递，不过此时需用钢尺代替水准尺作为数据读取的工具，从下向上传递高程。如图 6-40，由地面已知高程点 A 向建筑物楼面 B 传递高程，先从楼面上（或者楼梯间）悬挂一支钢尺，钢尺下端悬一重锤。观测时，为了使钢尺稳定，可将重锤浸于一盛满油的容器中。然后在地面及楼面上各安置一台水准仪，按水准测量方法同时读取 a_1、b_1、a_2、b_2 读数，则可计算出楼面 B 上设计标高为 H_B 的测设数据

$$H_B = H_A + a_1 - b_1 + a_2 - b_2$$

据此可采用测设已知高程的测设方法放样出楼面 B 的标高位置。

3. 全站仪天顶测高法

如图 6-41 所示，利用高层建筑中的传递孔（或者电梯井等），在底层高程控制点上安置全站仪，置平望远镜（显示屏上显示垂直角为 0°或者天顶距为 90°），然后将望远镜指向天顶方向（天顶距为 0°或者垂直角为 90°），在需要传递高程的层面传递孔上安置反射棱镜，即可测得仪器横轴至棱镜横轴的垂直距离。此垂直距离加上仪器高，再减去棱镜常数（棱镜面至棱镜横轴的间距），就可以算得两层面间的高差，据此即可计算出测量层面的标高，最后与该层楼面的设计标高比较，再进行调整即可。

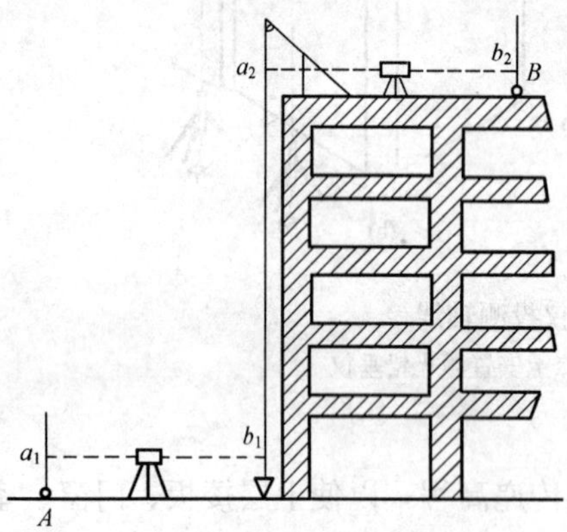

图 6-40 水准仪高程的传递法

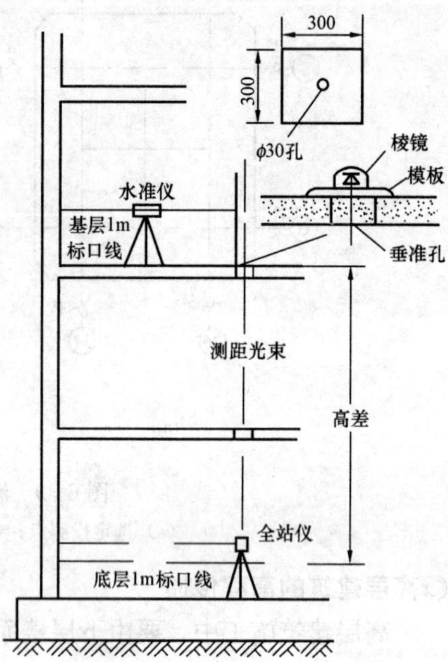

图 6-41 全站仪测距法传递高程

◎**滑模施工中的测量工作**

滑模施工就是在现浇混凝土结构施工中，一次装设 1m 多高的模板，浇筑一定高度的混凝土，通过一套提升设备将模板不断向上提，在模板内不断绑扎钢筋和浇筑混凝土，随着模板的不断向上滑升，逐步完成建筑物的混凝土浇筑工作。在施工过程中所做的测量工作主要有铅直度和水平度的观测。

(1) 铅直度观测。滑模施工的质量关键是保证铅直度。可采用前面介绍的吊垂球、经纬仪投测法，但应尽量采用激光铅垂仪投测方法。

(2) 标高测设。首先在墙体上测设＋1m 的标高线，然后用钢尺从标高线沿墙体向上测量，最后将标高测设在支承杆上。为了减少逐层读数误差的影响，可采用数层累计读数的测法，如三层读一次尺。

(3) 水平度观测。在滑升过程中，如果施工平台发生倾斜，则滑出来的结构就会发生偏扭，将直接影响建筑物的垂直度，所以施工平台的水平度观测是十分重要的。在每层停滑间歇，用水准仪在支承杆上独立进行两次抄平，互为检核，标注红三角标记，然后利用红三角标记在支承杆上每隔0.2m弹设一分划线，以控制各支承点滑升的同步性，从而保证施工平台的水平度。

6.6 工业建筑定位放线测量

工业建筑指工业企业的生产性建筑，以生产厂房为主体，分单层厂房和多层厂房。厂房的预制构件有柱子、吊车梁河屋架，工业建筑施工测量的工作主要是保证这些预制构件安装到位。本节主要介绍厂房矩形控制网的测设、厂房柱列轴线测设、基础施工测量、厂房构件安装测量机设备安装测量等。

◎厂房矩形控制网的测设

1. 厂房控制网的设计

建立厂房矩形控制网时，首先要进行矩形控制网的设计（图6-42）。1，2，3，4为厂房的四个角点，其设计坐标在设计图上已经给出；选定与厂房柱列轴线或者设备基础轴线重合或者平行的两条纵、横轴线作为主轴线，见图6-42中的M，N，P，Q；然后在基础开挖线以外，距离为l（一般约4m）处，测设一个与厂房轴线平行的矩形控制网，如图6-42中Ⅰ，Ⅱ，Ⅲ，Ⅳ所示。由于厂房角点1，2，3，4坐标为已知，即可确定出主轴线点M，N，P，Q的坐标。

2. 现场测设矩形控制网

首先根据现场的施工控制点，将长轴线MON测设于地面，然后根据长轴线测设出短轴线POQ，并进行方向改正。纵横主轴之间的交角误差应不大于±5″。主轴线方向经调整后，以O为起点，通过精密量距，定出纵、横主轴线端点M，N的位置。主轴线长度相对误差应不超过1/20 000～1/30 000，并埋设固定标石。

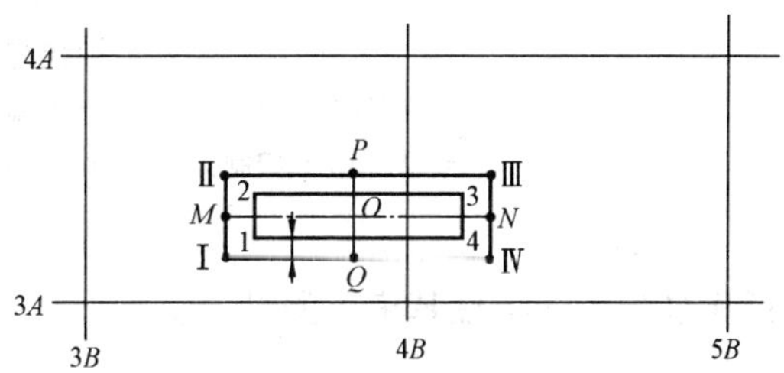

图6-42 厂房矩形控制网的测设

1—建筑方格网；2—厂房矩形控制网；3—距离指标桩；4—厂房轴线

主轴线确定后，就可根据主轴线测设矩形控制网。测设时，首先在纵横主轴线端点M，N，P，Q分别安置经纬仪，瞄准O点作为起始方向，分别测设90°，交会出Ⅰ，Ⅱ，Ⅲ，Ⅳ四个角点；然后然后精密丈量MⅠ，MⅡ，NⅢ，NⅣ，PⅡ，PⅢ和QⅠ，QⅣ的距离，其精度要求与主轴线测设精度要求相同，并根据所量距离与设计长度之差，对点位作适当的调整。

为了便于以后进行厂房细部施工放线，在测设矩形控制网的同时，应按一定间距设置一些控制桩，称为距离指标桩（图6-43）。距离指标桩的间距以不大于一整尺长，且为柱间跨距的整数倍为宜。

测设小型厂房矩形控制网时，可先测设出矩形控制网的一条长边，然后以这条边为基础，测设出其他三条边。此种控制网的角度误差应不大于±10″，边长丈量相对误差不超过 1/10 000～1/25 000。

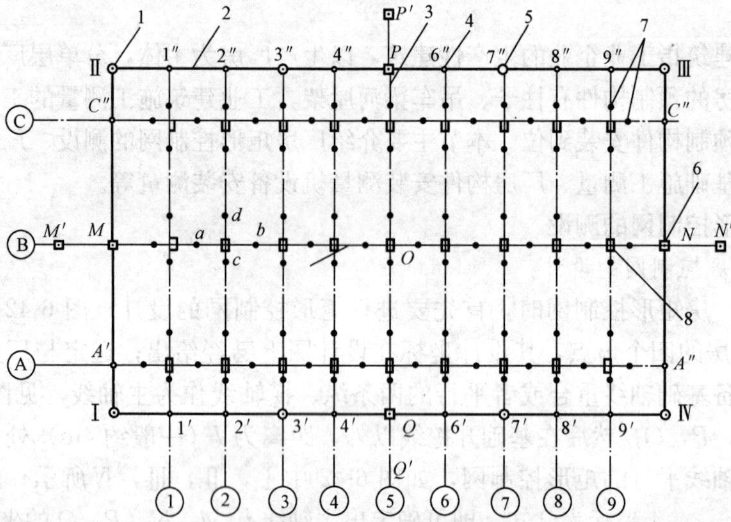

图 6-43　柱列轴线与桩基测设

1—矩形控制网角柱；2—矩形控制网四边；3—主轴线；

4—柱列轴线控制桩；5—距离指标桩；6—主轴线桩；

7—柱基中心线桩；8—柱基

◎厂房柱列轴线与柱基施工测量

1. 厂房柱列轴线测设

根据厂房平面图上所注的柱间距和跨距尺寸，用钢尺沿矩形控制网各边量出各柱列轴线控制桩的位置，如图 6-44，1′，2′，…，并打入大木桩，桩顶用小钉标出点位，作为柱基测设和施工安装的依据。丈量时应以相邻的两个距离指标桩为起点分别进行，以便检核。柱基定位和放线步骤如下：

(1) 安置两台经纬仪，在两条互相垂直的柱列轴线控制桩上，沿轴线方向交会出各柱基的位置（即柱列轴线的交点），此项工作称为柱基定位。

(2) 在柱基的四周轴线上，打入四个定位小木桩 a，b，c，d，如图 6-44，其桩位应在基础开挖边线以外比基础深度大 1.5 倍的地方，作为修坑和立模的依据。

(3) 按照基础详图所注尺寸和基坑放坡宽度，用特制角尺，放出基坑开挖边界线，并撒出白灰线以便开挖，此项工作称为基础放线。

（4）在进行柱基测设时，应注意柱列轴线不一定都是柱基的中心线，而一般立模、吊装等习惯用中心线，此时，应将柱列轴线平移，定出柱基中心线。

2. 柱基的测设

用两架经纬仪分别安置在纵、横轴线控制桩上，交会出柱基定位点（即定位轴线的交点）。然后根据定位点和定位轴线，按基础详图（图6-44）上的尺寸和基坑放坡宽度，放出开挖边线，并撒上白灰标明。同时在基坑外的轴线上，离开挖边线约2m处各打入一个基坑定位小木桩，桩顶钉小钉作为修坑和立模的依据。

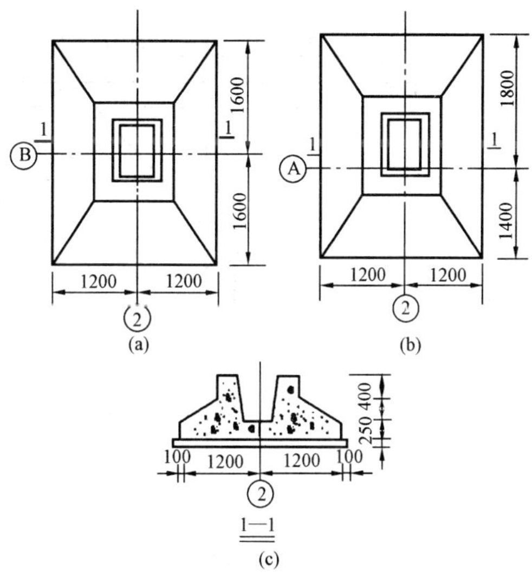

图6-44 基础详图

由于定位轴线不一定是基础中心线，所以在测设外墙、变形缝等处柱基时应特别注意。

◎**基础施工测量**

1. 混凝土杯形基础施工测量

（1）柱基定位放线。用于定外轮廓轴线角桩点相同的方法，依据轴线控制桩交会出各柱列轴线上柱基的中心位置。然后在离柱基开挖边线约0.5～1.0m处的轴线方向上定出四个柱基定位桩，并钉上小钉标示柱子轴线的中心线，供修坑立模之用，如图6-45所示；并在桩上拉细线绳，最后用特制的“T”形尺，按基础详图的尺寸和基坑放坡宽度a进行柱基及开挖边线的放线，用灰线把基坑开挖边线的实地位置标出，如图6-46所示。同法可放出全部柱基。

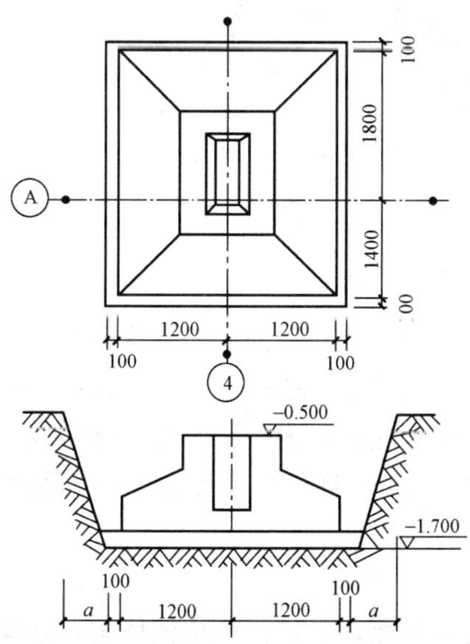

图6-45 桩基定位放线

（2）基坑抄平。当基坑开挖到一定深度，快要挖到柱基设计标高（一般距基底0.3～0.5m）时，应在基坑的四壁或者坑底边沿及中央打入小木桩，并用水准仪在木桩上引测同一高程的标高，以便根据

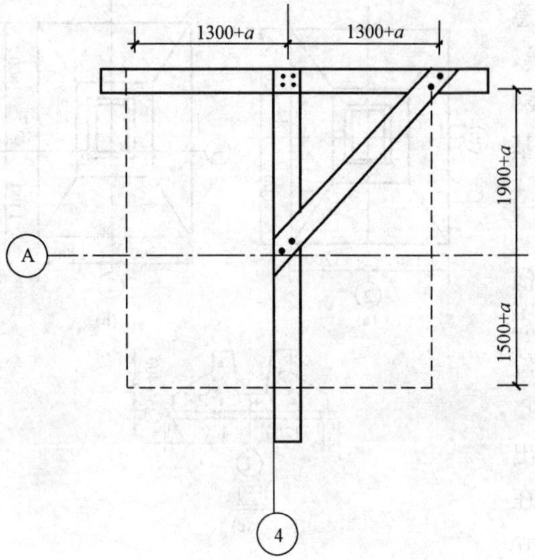

图 6-46 柱基定位放线

标点拉线修整坑底和打垫层。其标高的容许误差为±5mm。

(3) 基础模板的定位测量。垫层打好后，根据柱基定位桩用拉线、吊垂球的方法在垫层上放出基础中心线，并依据柱基的设计尺寸弹墨线标明柱基位置，作为柱基立模和布置钢筋的依据。立模时其模板上口还可由坑边定位桩直接拉线，用吊垂球的方法检查模板的位置是否正确竖直。然后用水准仪在模板的内壁引测基础面的设计标高，并画线标明，作为浇筑混凝土的依据。在立杯底模板时，应注意使实际浇筑的杯底顶面比原设计的标高略低 3～5cm，以便拆模后填高修平杯底。

(4) 杯口中线投点与抄平。在柱基拆模之后，根据矩形控制网上柱子中心线端点桩，用经纬仪把柱中心线投测到移口顶面，并绘三角标志标明，以备吊装柱子时使用，如图 6-47。中线投点一般有两种方法：

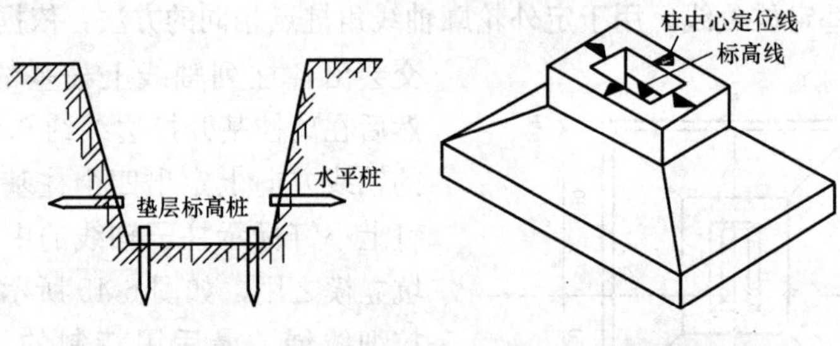

图 6-47 杯口中线投点与抄平

1) 将仪器安置在柱中心线的一个端点，照准另一个端点而将中线投到杯口上；

2) 将仪器置于中线上的适当位置，照准控制网上柱基中心线两端点，采用正倒镜法进行投点。同时，为了修平杯底，还需在杯口内壁测设某一标高线，用三角标志标明，其一般比杯形基础顶面略低 10cm，且与杯底设计标高的距离为整分米数，以便根据该标高线来修平杯底。

2. 钢柱基础施工测量

对于钢结构柱子基础，顶面通常设计为一平面，通过锚栓将钢柱与基础连成整体。施工时应注意保证基础顶面标高及锚栓位置的准确。钢结构下面支撑面的容许偏差高度为±2cm，倾斜度为1/1000。锚栓位置的容许偏差在支座范围内为±5mm。

钢柱基础定位与基坑底层抄平方法均与混凝土杯形基础相同，其特点是基坑较深且基础下面有垫层以及进行与混凝土形成基础整体的地脚螺栓的埋设。具体步骤如下。

（1）钢柱基础垫层中线投点和抄平。垫层混凝土凝结后，应在垫层面上投测柱基中线，并根据中线点弹出墨线，绘出地脚螺栓固定架的位置，以作为安置螺栓固定架及根据中线支立模板的依据（图6-48）。

投测中线时，经纬仪必须安置在基坑旁，保证视线能看到坑底，然后照准矩形控制网上基础中心线的两端点，用正倒镜法，先将经纬仪中心导入中心线内，而后进行中线点的投点，并在垫层面上作标志。

螺栓固定架位置在垫层上绘出后，即可在固定架外框四个角落测设标高，以便用来检查并修平垫层混凝土面，使其符合设计标高，便于固定架的安装。若基础过深，从地面上直接引测基础地面标高，标尺不够长时，可采用悬吊钢尺的方法测设。

（2）地脚螺栓固定架中线投点与抄平

1）固定架的安置。固定架一般是用钢材制作，用以锚定地脚螺栓及其他埋设件。如图6-49，根据垫层上的中心线和所画的位置将其安置在垫层上，然后根据在垫层上测定的标高点，进行地脚抄平，将高地方的混凝土打去一些，低的地方垫以小块钢板并与底层钢网焊牢，使其符合设计标高。

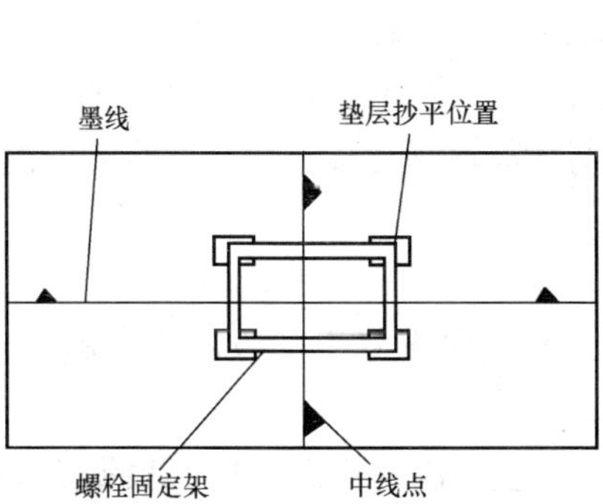

图6-48 绘制地脚螺栓固定架的位置

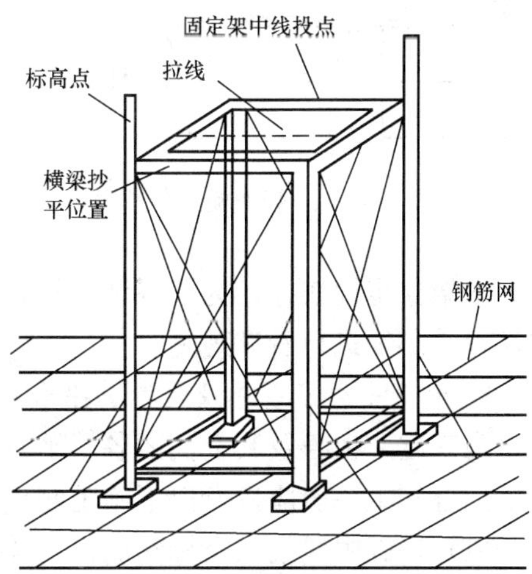

图6-49 固定架的安置

2）固定架抄平。固定架安置好后，用水准仪测出四根横梁的标高，以检查固定架高度是否符合设计要求，其容许偏差为－5mm，但应不高于设计标高。标高满足要求后，将固定架与底层钢筋焊牢，并加焊支撑钢筋。如果是深基坑固定架，应在其脚下浇筑混凝土，使其稳固。

3）中线投点。投点前，应对矩形控制边上的中心端点进行检查，然后根据相应两端点，将中线投测在固定架横梁上，并刻绘标志。其中线投点偏差（相对于中线端点）为±1～±2mm。

(3) 地脚螺栓的安装与标高测量。根据垫层上和固定架上投测的中心点，把地脚螺栓安放在设计位置。为了测定地脚螺栓的标高，在固定架的斜对角处焊两根小角钢，在其上引测同一数值的标高点，并刻绘标志，其高度应比地脚螺栓的设计标高低一些。然后在角钢上两标点处拉一细钢丝，以定出螺栓的安装高度。待螺栓安装好后，测出螺栓第一螺纹的标高。地脚螺栓的高度不应低于其设计标高，容许偏高＋5～＋25mm。

(4) 支立模板与浇筑混凝土时的测量工作。钢柱基础支模阶段的测量工作与混凝土杯形基础相同。特别的是，在浇灌基础混凝土时，为了保证地脚螺栓位置及高度的正确，应进行看守观测，如果发现其变动应立即通知施工人员及时处理。

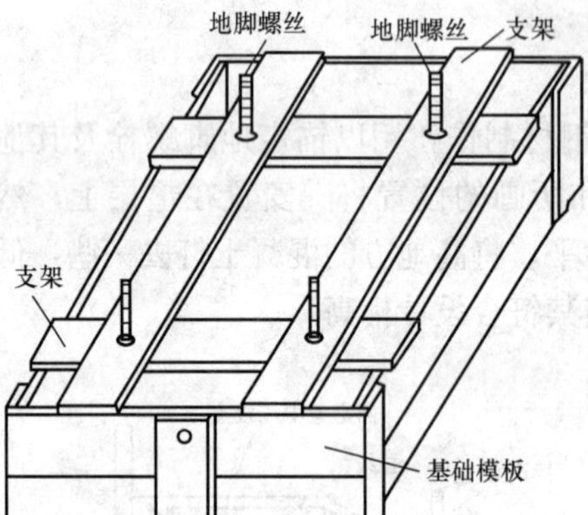

图 6-50 地脚螺栓定位测量

(5) 小型钢柱的地脚螺栓定位测量。由于小型设备钢柱的地脚螺栓直径小，重量轻，为节约钢材，可以不用钢筋固定架而选择木架固定，这种木架与基础模板连接在一起，在模板与木架支撑牢固后，即在其上投点放线(图 6-50)。地脚螺栓安装以后，检查螺栓第一丝扣标高是否符合设计要求，合格后即可将螺栓焊牢在钢筋网上。由于木架稳定性较差，为了保证质量，模板与木架必须支撑牢固，在浇灌混凝土的过程中必须进行看守观测。

3. 混凝土柱子基础及柱身、平台施工测量

当基础、柱身及其上面的各层平台采用现场捣制混凝土的方法进行施工时，为了配合施工一般应进行以下施工测量工作。

(1) 基础中线投点及标高测设。当基础混凝土凝固拆模后，即可根据矩形控制网边线上的柱子中心线端点桩，将中心线投测在靠近杯底的基础面上，并在露出的钢筋上测设出标高点，以供进行柱身支立模板时确定柱高及对正中心之用，如图 6-51。

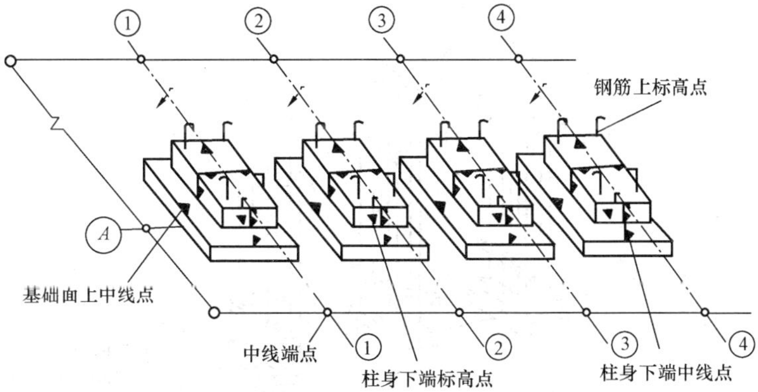

图 6-51 基础中线投点及标高测设

(2) 柱身垂直度测量。柱身模板支好后，必须用经纬仪检查柱子的垂直度。由于现场通视困难，一般采用平行线投点法来检查柱子的垂直度，并将柱身模板校正。

施测过程如下：

1) 在柱子模板上端根据外框量出柱子中心点。

2) 将其与柱身下端中心点相连，并在模板上弹出墨线（图 6-52)。

3) 根据柱中线控制桩 A、B，测设 AB 的平行线 $A'B'$，其间距一般为 1～1.5m。将经纬仪安置于 B'，照准 A'，并在柱上由一人水平横放木尺，使其零点对正模板中心线，纵转望远镜仰视木尺，如果十字丝正好对准 1m 或者 1.5m 处，则柱子模板垂直，否则应将模板向左或者向右移动，直至十字丝正好对准 1m 或者 1.5m 处为止。

(3) 柱顶及平台模板抄平。柱子模板校正好后，应选择不同行、列的二三根柱子，从柱子下面已测好的标高 A，用钢尺沿柱身向上量距，各引测一个高程数据相同的点于柱子上端模板上。然后在平台模板上安置水准仪，以柱上引测的任一标高点作后视，施测柱顶模板的标高，然后闭合于另一引测的标高点以资校核。平台模板支好后，必须用水准仪检查平台模板的标高和水平情况，操作方法同柱顶模板抄平（图 6-53)。

(4) 高层标高的引测及柱中心线投点。在第一层柱子与平台混凝土浇筑好后，须将柱子中线及标高引测到第一层平台上，以作为支立第二层柱身模板和第二层平台模板的依据，以此类推。其上层标高的引测可根据柱子下端标高点用钢尺沿柱身向上量距标点得到。而上层柱顶中线的引测，可用经纬仪轴线投测方法进行，其方法一般是将仪器安置于柱中线控制点上，照准柱子下端的中线点，仰视向柱子上端投点，并作标记（图 6-53)。如果仪器安置位置与柱子间距过短，仰角大不便于投点时，可将中线端点 A 用正倒镜法延长至远端的 A'点，然后安

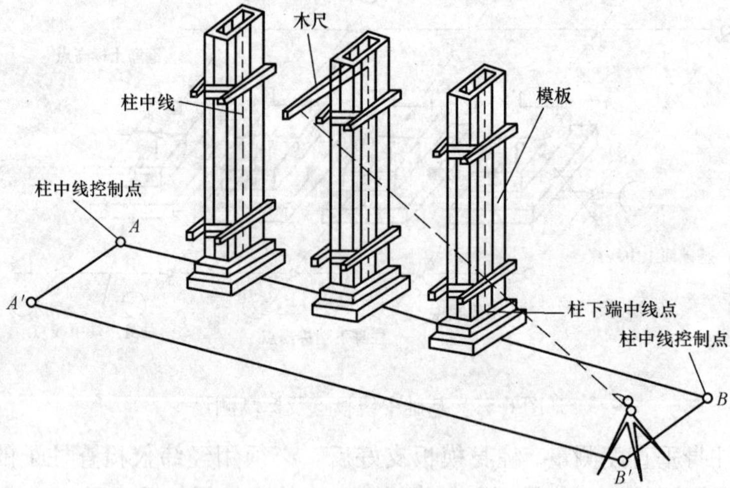

图 6-52 柱身垂直度测量

置仪器于A'然后向上投点。其标高的引测偏差为±5mm；纵横中心线投点偏差，投点高度 5m 以内时为±3mm，5m 以上时为±5mm。

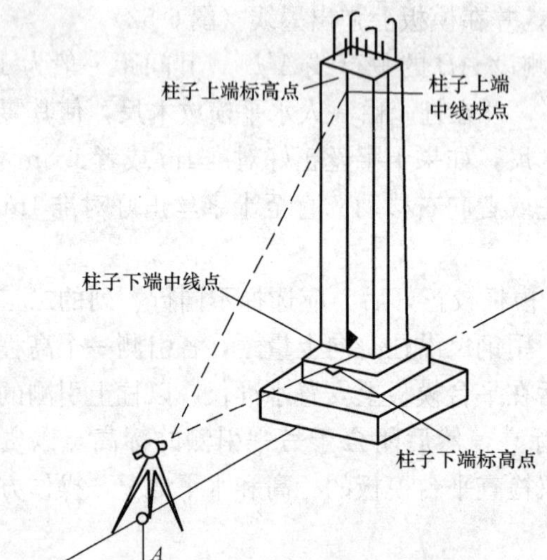

图 6-53 柱顶及平台模板抄平

4. 设备基础施工测量

设备基础施工方法一般有两种：

(1) 在厂房柱子基础和厂房部分建成后才进行设备基础施工。如果采用此施工方法，测设前，必须将厂房外面的控制网在砌筑砖墙之前引入厂房内部，布设一个内控制网，作为设备基础施工和设备安装放线的依据。

(2) 厂房柱基与设备基础同时施工，这时则不需建立内控制网，一般是将设备基础主要中心线的端点测设在厂房矩形控制网上。然后在设备基础支立模板或者埋设地脚螺栓时，局部架设木线板或者钢线板，用以测设螺栓组中心线。

对于施工方法 (1)，其内控制网的设置一般是根据厂房矩形控制网引测，其投点容许偏差应为±2～±3mm，内控制点应选在施工中不易被破坏的稳定柱子上，各标点高度最好一致，以便量距及相互通视。点的疏密程度可根据厂房的大小及厂内设备分布情况而定，在满足施工定线的要求下，尽可能少布点，减少工作量。

中小型设备基础内控制网的设置，其内控制网的标点一般采用在柱子上预埋标板（图 6-54）。然后将柱中心线投测于标板之上，以构成内控制网。

大型设备基础内控制网的设置，由于大型连续生产设备基础中心线及地脚螺栓组中心线很多，为便于施工放线，可将槽钢水平焊接在厂房钢柱上，然后根据厂房矩形控制网，将设备基础主要中心线的端点投测于槽钢上，以建立内控制网。

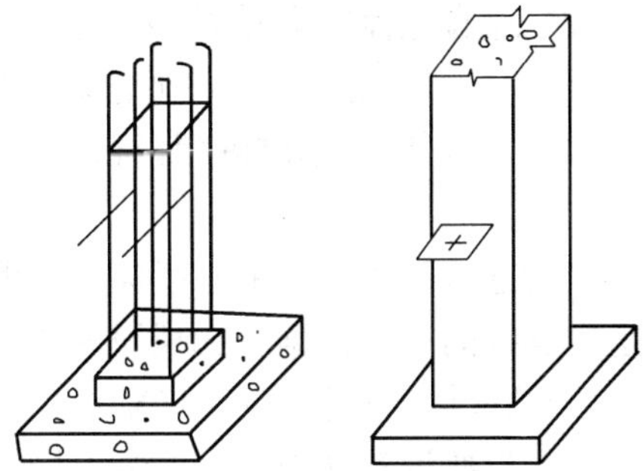

图 6-54 设备基础内控制网设置

对于施工方法（2），由于大型设备基础是与厂房基础同时施工，因此，不需要设置内控制网，而是采用在靠近设备基础的周围架设钢线板或者木线板的方法进行基础施工控制。首先根据厂房矩形控制网，将设备基础的主要中心线投测于线板上，然后根据主要中心线用精密量距的方法，在线板上定出其他中心线和地脚螺栓组中心的位置，最后依此拉线来安装各地脚螺栓。

设备基础控制网设置好后，即可进行设备基础及地脚螺栓的定位测量工作。对于中小型设备基础定位的测设方法基本与厂房基础定位相同。不过在基础平面图上，如果设备基础的位置是以基础中心线与柱子中心线关系来表示的，这时计算测设数据时，需将设备基础中心线与柱子中心线的关系，换算成与矩形控制网上距离指示桩的关系尺寸，然后在矩形控制网的纵横对应边上测定基础中线的端点。对于采用封闭式施工的基础工程（即先厂房而后进行设备基础施工），则应根据测设的内控制网进行基础定位测量。

对于大型设备基础定位测量，由于大型设备基础中心线较多，为了便于施测，防止产生错误，在基础定位之前，必须根据基础设计原图编绘基础中心线测设图。将全部中心线及地脚螺栓组的中心线统一编号，并将其与柱子中心线和厂房控制网上距离指示桩的尺寸关系注明，定位放线时，按照中心线测设图，在厂房控制网或者内控制网对应边上测出中心线的端点，然后在距离基础开挖边线约1～1.5m 处，用经纬仪交会定出中心桩，以便开挖。

设备基础定位放线后，即进行基坑开挖施工。在开挖时，应根据厂房控制网或者场地上的其他控制点测定挖土边界线，其容许误差为±5cm；而标高可根据施工现场上布设的水准点来测量，其容许误差为±3cm。在基坑挖土中，应常检查挖土高度，当挖土竣工后，应实测挖土面标高，测量容许误差为±2cm。

在设备基础垫层施工中，应进行基础坑底抄平与垫层中线投点两项测设工作，以作为安装固定架，埋设地脚螺栓及支立基础模板的依据。其测设方法参见钢柱基础施工测量部分。

完成垫层施工后，便可进行设备基础上层的放线测量工作，主要包括固定架的安置、地脚螺栓的埋设及抄平、基础模板的标高测设等工作，其施测方法同前。但应注意，大型设备基础地脚螺栓很多，而且大小类型和标高不一，为使安装地脚螺栓时其位置和标高都符合设计要求；必须在施测前绘制地脚螺栓图，作为施测的依据。

最后进行设备基础中心线标板的埋设与投点工作，它是设备安装或者砌筑时确定中点线的重要依据。标板埋设位置务必正确，且应牢固，一般规定如下：

(1) 联动设备基础的生产轴线，应埋设必要数量的中心线标板。

(2) 重要设备基础的主要纵、横中心线上应埋设中心线标板。

(3) 结构复杂的工业炉基础纵横中心线，环形炉及烟囱的中心位置等均应埋设中心线标板。

中心线标板可采用小钢板下面加焊两锚固脚的形式或者用直径为18～22mm的钢筋制成卡钉，在基础混凝土未凝固前，将其埋设在中心线的位置，埋标时应使顶面露出基础面3～5mm，至基础的边缘为50～80mm。然后，利用经纬仪采用正倒镜法，将仪器安置于中线上，后视控制网边线上的中线端点，在埋设好的标板上进行中线投点；或者将仪器安置于厂房矩形控制网边线上的中线端点桩上，照准中线上的对应端点，在标板上完成中线投点工作。

◎厂房构件安装测量机设备安装测量

在安装装配式单层工业厂房主要预制构件时，必须使用测量仪器进行严格检测、校正，才能正确安装到位。

1. 柱子安装测量

(1) 对柱子安装的精度要求。柱子中心线应与相应的柱列轴线保持一致，其允许偏差为±5mm。牛腿顶面及柱顶面的实际标高应与设计标高一致，其允许误差为±（5～8mm），柱高大于5m时为±8mm。柱身垂直允许误差：当柱高不大于5m时为±5mm；当柱高5～10m时，为±10mm；当柱高超过10m时，则为柱高的1/1000，但不得大于20mm。

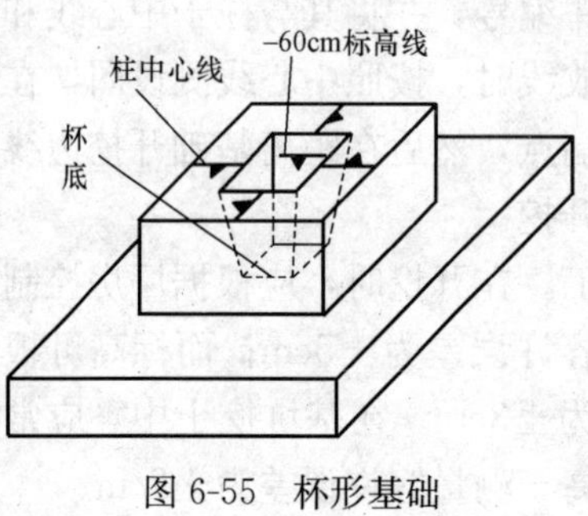

图6-55 杯形基础

(2) 柱子安装前的准备工作有：

1) 在柱基顶面投测柱列轴线。在杯形基础拆模以后，由柱列轴线控制桩用经纬仪把柱列轴线投测在杯口顶面上（图6-55），并弹出墨线，用红漆画上“▶”标志，作为吊装柱子时确定轴线方向的依据。如果柱列轴线不通过柱子的中心线，应在杯形基础顶面上加弹柱中心线。

2）在杯口内壁，用水准仪测设一条标高线，用“▼”表示。该标高线可设为−0.600m（一般杯口顶面的标高为−0.500m）（图6-55），作为杯底找平的依据。

3）柱身弹线。将每根柱子按轴线位置进行编号。在每根柱子的三个侧面弹出柱中心线，并在每条线的上端和下端接近杯口处画出“▶”标志（图6-56）。根据牛腿面的设计标高，从牛腿面向下用钢尺量出−0.600m的标高线，并画出“▼”标志。

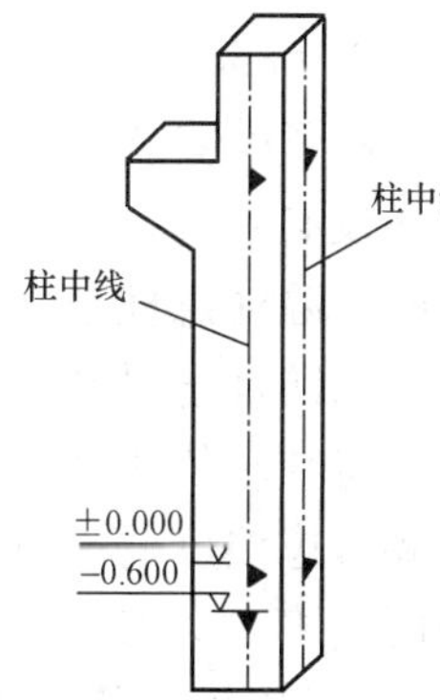

图6-56 柱身弹线

4）柱长检查与杯底找平。先量出柱子的−0.600m标高线至柱底面的长度，然后在相应的柱基杯口内，量出−0.600m标高线至杯底的高度，并进行比较，以确定杯底找平厚度，用水泥砂浆根据找平厚度，在杯底进行找平，使牛腿面符合设计高程。

（3）柱子的安装测量。柱子吊装测量的目的是保证柱子平面和高程位置符合设计要求，柱身铅直。

1）预制的钢筋混凝土柱子起吊插入杯口后，应使柱子三面的中心线与杯口中心线对齐，用木楔或者钢楔临时固定。

2）柱子立稳后，立即用水准仪检测柱身上的±0.000m标高线，其容许误差为±3mm。

3）如图6-57（a），用两台经纬仪，分别安置在柱基纵、横轴线上，与柱子

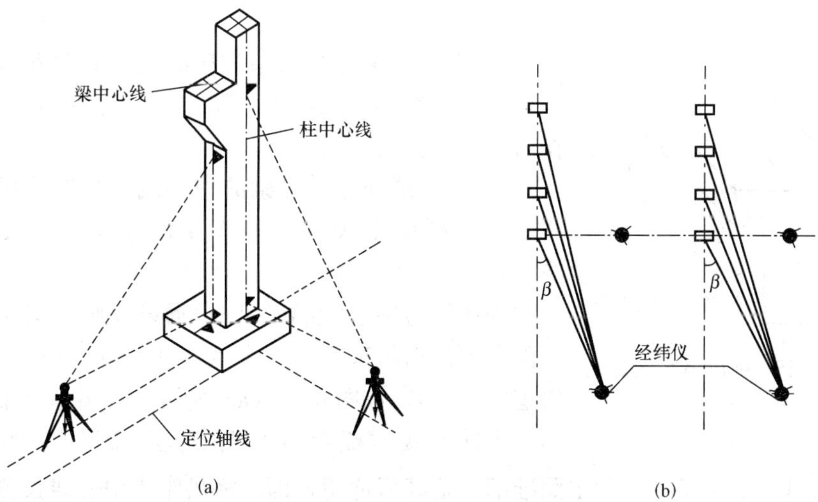

图6-57 柱子垂直度校正

的距离不小于柱高的1.5倍，先用望远镜瞄准柱底中心线标志，固定照准部后，然后缓慢抬高望远镜观察柱子偏离十字丝竖丝的方向，指挥用钢丝绳拉直柱子，直至从两台经纬仪中观测到的柱子中心线都与十字丝竖丝重合为止。

4）在杯口与柱子的缝隙中浇入混凝土，以固定柱子的位置。

在实际安装时，一般是一次把许多柱子都竖起来，然后进行垂直校正。这时，可把两台经纬仪分别安置在纵横轴线的一侧，一次可校正几根柱子，如图6-57（b）所示，但仪器偏离轴线的角度，应在15°以内。

在柱子的安装过程中，必须要考虑垂直校正的有关事项。柱子垂直校正用的经纬仪必须进行检验和校正。操作时，应使照准部的水准管气泡严格居中。校正时，除注意柱子垂直外，还应随时检查柱子中心线是否对准杯口柱列轴线标志，以防柱子吊装就位后，产生水平位移。当安装变截面的柱子时，经纬仪必须安置在轴线上进行垂直校正，以免产生差错。在日照下校正柱子的垂直度，要考虑温度的影响。柱子受到太阳照射后，阴面与阳面形成温度差，柱子会向阴面弯曲，使柱顶产生水平位移，一般可达3～10mm，细长柱子可达40mm。所以垂直校正工作宜在阴天或者早、晚时进行。柱长小于10m时，一般不考虑温差影响。

2. 吊车梁安装测量

吊车梁的安装测量主要是保证吊车梁中线位置和吊车梁的标高满足设计要求。

（1）吊车梁安装前的准备工作

1）在柱面上量出吊车梁顶面标高，即根据柱子上的±0.000m标高线，用钢尺沿柱面向上量出吊车梁顶面设计标高线，作为调整吊车梁面标高的依据。

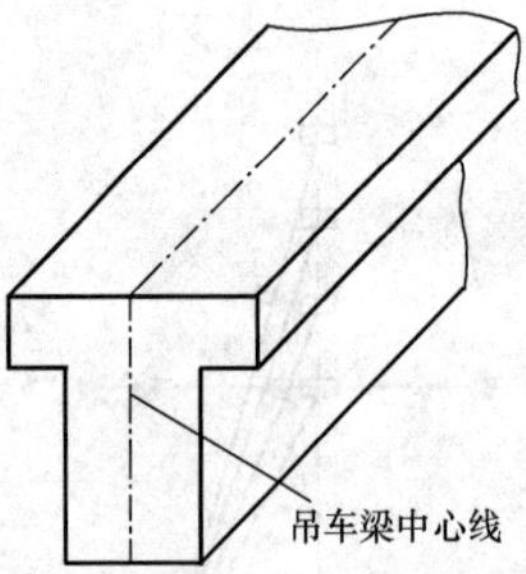

图6-58 弹出吊车梁的中心线

2）在吊车梁上弹出梁的中心线，如图6-58，在吊车梁的顶面和两端面上，用墨线弹出梁的中心线，作为安装定位的依据。

3）在牛腿面上弹出梁的中心线。根据厂房中心线，在牛腿面上投测出吊车梁的中心线，投测方法为：

利用厂房中心线 A_1A_1，根据设计轨道间距，在地面上测设出吊车梁中心线 $A'A'$ 和 $B'B'$（也是吊车轨道中心线），如图6-59（a）所示。在吊车梁中心线的一个端点 A'（或者 B'）上安置经纬仪，瞄准另一个端点 A'（或者 B'），固定照准部，抬高望远镜，即可将吊车梁中心线投测到每根柱子的牛腿面上，并用墨线弹出梁的中心线。

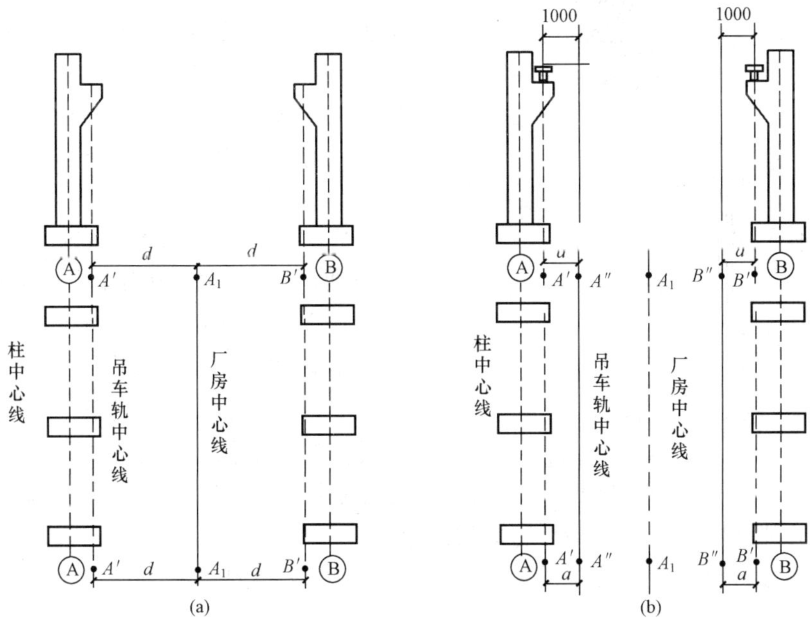

图 6-59 吊车梁的安装测量

(2) 安装测量。安装时，使吊车梁两端的梁中心线与牛腿面梁中心线重合，为吊车梁的初步定位。采用平行线法，对吊车梁的中心线进行检测，校正方法如下：

1) 在地面上从吊车梁向厂房中心线方向量出长度 a (1m)，得到平行线 $A''A''$和 $B''B''$，如图 6-59 (b)。

2) 在平行线一端点 A'' (或者 B'') 上安置经纬仪，瞄准另一端点 A'' (或者 B'')，固定照准部，抬高望远镜进行测量。此时，另外一人在梁上移动横放的木尺，当视线正对准尺上 1m 刻画线时，尺的零点应与梁面上的中心线重合。如不重合，可用撬杠移动吊车梁，使吊车梁中心线到 $A''A''$ (或者 $B''B''$) 的间距等于 1m 为止。

吊车梁安装就位后，先按柱面上定出的吊车梁设计标高线对吊车梁面进行调整，然后将水准仪安置在吊车梁上，每隔 3m 测一点高程，并与设计高程比较，误差应在±3mm 以内。

3. 屋架安装测量

厂房屋架安装时要与柱子的行中心线对齐。

(1) 安装前的准备工作。屋架吊装前，用经纬仪或者其他方法在柱顶面上测设出屋架定位轴线。在屋架两端弹出屋架中心线，以便进行定位。

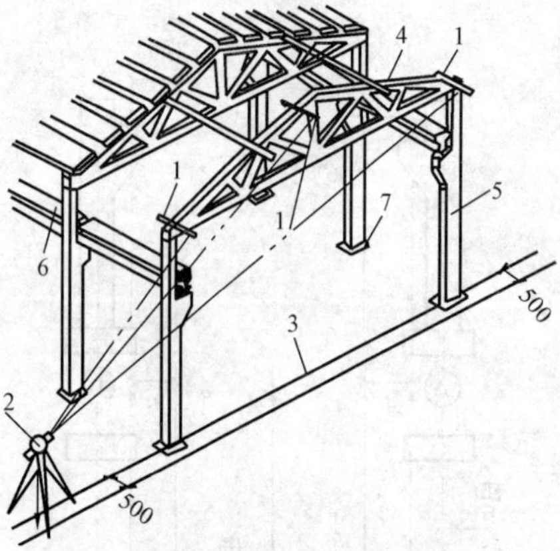

图 6-60 屋架的安装测量

1—卡尺；2—经纬仪；3—定位轴线；4—屋架；5—柱；6—吊车梁；7—柱基

(2) 安装测量。屋架吊装就位时，应使屋架的中心线与柱顶面上的定位轴线对准，允许误差为 5mm。屋架的垂直度可用垂球或者经纬仪进行检查。

用经纬仪检校方法如下：

1) 在屋架上安装三把卡尺，一把卡尺安装在屋架上弦中点附近，另外两把分别安装在屋架的两端。自屋架几何中心沿卡尺向外量出一定距离，一般为 500mm，如图 6-60，作出标志。

2) 在地面上，距屋架中线同样距离处安置经纬仪，观测三把卡尺的标志是否在同一竖直面内，如果屋架竖向偏差较大，则用机具校正，最后将屋架固定。

垂直度允许偏差：薄腹梁为 5mm；桁架为屋架高的 1/250。

6.7 钢结构工程中的施工测量

目前建筑物大批量的采用钢结构，为保证建筑施工的顺利进行，应掌握钢结构建筑的施工测量方法。其测设程序与民用、工业建筑基本相同。本节主要介绍其独特的地方。

◎平面控制

建立施工控制网对于高层钢结构施工极为重要，控制网离施工现场不能太近，应考虑到钢柱的定位、检查、校正。

◎高程控制

高层钢结构工程标高测设极为重要，精度要求高，所以，施工场地的高程控制网，应根据城市二等水准点来建立一个独立的三等水准网，便于在施工过程中直接应用，在进行标高引测时必须先对水准点进行检查。三等水准高差闭合差的容许误差应达到$\pm 3\sqrt{n}$（mm），其中 n 为测站数。

◎定位轴线检验

定位轴线从基础施工起就应引起重视，一定要在定位轴线测设前做好施工控制点及轴线控制点，待基础浇筑混凝土后在依据轴线控制点将定位轴线引测到柱基钢筋混凝土底板面上，然后预检定位轴线是否同原定位重合、闭合，每根定位线总尺寸误差值是否超过限差值，纵、横网轴线是否垂直、平行。预检应由业主、监理、土建、安装四方联合进行，对检查数据要统一认可鉴证。

◎**柱间距检查**

在定位轴线认可的前提下，可以进行柱间距检查，一般采用检定的钢尺实测柱间距。柱间距离偏差值应严格控制在±3mm范围内，绝不能超过±5mm。若柱间距超过±5mm，则必须调整定位轴线。因为定位轴线的交点是柱基点，钢柱竖向间距以此为准，框架钢梁的连接螺孔的直径一般比高强螺栓直径大1.5～2.0mm，如果柱间距过大或者过小，直接影响整个竖向框架梁的安装连接和钢柱的垂直，安装中还会有安装误差。在结构上面检查柱间距时，一定要注意安全。

◎**单独柱基中心检查**

检查单独柱基的中心线同定位轴线之间的误差，如果超过限差要求，应调整柱基中心线使其同定位轴线重合，然后以柱基中心线为依据，检查地脚螺栓的预埋位置。

◎**标高实测**

以三等水准点的标高为依据，对钢柱柱基表面进行标高实测，将测得的标高偏差用平面图表示，作为临时支撑标高块调整的依据。

◎**轴线位移校正**

任何一节框架钢柱的校正，均要以下节钢柱顶部的实际中心线为准，使安装的钢柱的底部对准卜面钢柱的中心线即可。在安装的过程中，一定要随时进行钢柱位移的监测，并根据实测的位移量以实际情况加以调整。调整位移时应尤其注意钢柱的扭转，钢柱扭转对框架钢柱的安装很不利，一定要重视。

第7章　建筑物的变形测量

7.1　沉降变形观测点的设置

沉降变形观测点的设置原因有三：①便于测出建筑物基础的沉降、倾斜、曲率，且绘出下沉曲线；②便于现场观测；③便于保存。

沉降变形观测点的设置必须点位适当、数量足够。

◎基坑观测点位的布置

1. 基坑回弹观测点位的布置

深埋大型基础在基坑开挖后，由于卸除地基土自重而引起基坑内外影响范围内相对于开挖前回弹。为了观测基坑开挖过程中地基的回弹现象，施工之前应布设地基回弹观测的工作点。

回弹观测点位的布置，应以最少的点数能测出所需各纵横断面的回弹量为原则进行。可利用回弹变形的近似对称性，布点要求如下：

(1) 在基坑的中央和距坑底边缘约1/4坑底宽度处，以及其他变形特征位置设点。

(2) 对方形、圆形基坑可按单向对称布点；矩形基坑可按纵横向布点；复合矩形基坑可多向布点。地质情况复杂时，应适当增加点数。

(3) 基坑外观测点，应在所选坑内方向线的延长线上距基坑深度1.5～2倍距离内布置。

(4) 所选点位遇到旧地下管道或者其他构筑物时，可将观测点位移至与之对应的方向线的空位上。

(5) 在基坑外相对稳定且不受施工影响的地点，选设工作基点及为寻找标志用的定位点。

(6) 观测线路应组成起讫于工作基点的闭合或者附合线路，使之具备检核条件。

2. 地基土分层沉降观测点位的布置

分层沉降观测是测定高层和大型建筑物地基内部各分层土的沉降量、沉降速度以及有效压缩层的厚度。

分层沉降观测点的布设要求如下：

(1) 应在建筑物地基中心附近约为2m见方或者各点间距不大于50cm的较

小范围内，沿铅垂线方向上的各层土内布置。

（2）点位数量与深度应根据分层土的分布情况确定。原则上每一土层设一点，最浅的点位应设在基础底面不小于50cm处，最深的点位应在超过压缩层理论厚度处，或者设在压缩性低的砾石或者岩石层上。

◎**建筑场地观测点位的布置**

1. 建筑场地沉降点位的选择应符合的规定

（1）相邻地基沉降观测点可以选在建筑纵横轴线或者边线的延长线上，也可选在通过建筑重心的轴线延长线上。其点位间距应视基础类型、荷载大小及地质条件，与设计人员共同确定或者征求设计人员意见后确定。点位可在建筑基础深度1.5～2.0倍的距离范围内，由外墙向外由密到疏布设，但距基础最远的观测点，应设置在沉降量为零的沉降临界点以外。

（2）场地地面沉降观测点应在相邻地基沉降观测点布设线路之外的地面上均匀布设。根据地质地形条件，可选择使用平行轴线方格网法、沿建筑四角辐射网法、散点法布设。

2. 建筑场地沉降点标志的类型及埋设应符合的规定

（1）相邻地基沉降观测点标志可分为用于检测安全的浅埋标和用于结合科研的深埋标两种。浅埋标可采用普通水准标石或者用直径25cm的水泥管现场浇灌，埋深宜为1～2m，并使标石底部埋在冰冻线以下；深埋标可采用内管外加保护管的标石形式，埋深应与建筑基础深度相适应，标石顶部需埋入地下20～30cm。

（2）场地地面沉降观测点的标志与埋设，应根据观测要求确定，可采用浅埋标志。

◎**民用建筑物观测点位的布置**

对于民用建筑物，通常在其四个角点、中点、转角处布设工作测点。除此以外，还应考虑以下几点：

（1）沿建筑物的周边每隔10～20m布设一个工作测点。

（2）对于宽度大于15m的建筑物，在其内部有承重墙或者支柱时，应在此部位布设工作点。

（3）设置有沉降缝的建筑物，或者新建建筑物与原建筑物的连接处，在沉降缝的两侧或者伸缩缝的任一侧布置工作测点。

（4）为查明建筑物基础的纵向与横向的曲率（破坏）变形状态，在其纵轴、横轴线上也应该布置工作测点。

◎**工业建筑物观测点位的布置**

对于一般的工业建筑物，应在立柱的基础上布设观测点，除此以外，还应在其主要的设备基础四周以及动荷载四周、地质条件不良处也应布设工作测点。

7.2 沉降观测

沉降观测是指定期地测量变形工程工作点的高程变化情况，根据各工作点间的高差变化，计算建筑物或者地表的沉降量、倾斜率、曲率、构件倾斜及沉降速率，以便确定沉降变形对建筑物的破坏影响程度。本节主要介绍沉降观测的周期、施测过程及沉降观测的方法。

◎沉降观测的周期及施测过程

1. 沉降观测的周期

沉降观测的周期应能反映出建筑物的沉降变形规律，建（构）筑物的沉降观测对时间有严格的限制条件，特别是首次观测必须按时进行，否则沉降观测得不到原始数据，从而使整个观测得不到完整的观测结果。其他各阶段的复测，根据工程进展情况必须定时进行，不得漏测或者补测，只有这样，才能得到准确的沉降情况或者规律。一般认为建筑在砂类土层上的建筑物，其沉降在施工期间已大部分完成，而建筑在黏土类土层上的建筑物，其沉降在施工期间只是整个沉降量的一部分，沉降周期是变化的。根据工作经验，在施工阶段，观测的频率要大些，一般按 3 天、7 天、15 天确定观测周期，或者按层数、荷载的增加确定观测周期，观测周期具体应视施工过程中地基与加荷而定。如暂时停工时，在停工时和重新开工时均应各观测一次，以便检验停工期间建筑物沉降变化情况，为重新开工后沉降观测的方式、次数是否应调整作判断依据。在竣工后，观测的频率可以少些，视地基土类型和沉降速度的大小而定，一般有一个月、两个月、三个月、半年与一年等不同周期。沉降是否进入稳定阶段，应由沉降量与时间关系曲线判定。对重点观测和科研项目工程，如果最后三个周期观测中每周期的沉降量不大于 2 倍的测量中误差，可认为已进入稳定阶段。一般工程的沉降观测，如果沉降速度小于0.01～0.04mm/d，可认为进入稳定阶段，具体取值应根据各地区地基土的压缩性确定。

2. 沉降观测施测过程

根据编制的沉降施测方案及确定的观测周期，首次观测应在观测点稳固后及时进行。一般高层建筑物有一层或者数层地下结构，首次观测应自基础开始，在基础的纵横轴线上（基础局边）按设计好的位置埋设沉降观测点（临时的），待临时观测点稳固好，方可进行首次观测。首次观测的沉降观测点高程值是以后各次观测用以比较的基础，其精度要求非常高，施测时一般用 N2 级精密水准仪，并且要求每个观测点首次高程应在同期观测两次，比较观测结果，如果同一观测点间的高差不超过±0.5mm 时，即可认为首次观测的数据是可靠的。随着结构每升高一层，临时观测点移上一层并进行观测，直到＋0.000 然后按规定埋设永久观测点（为便于观测可将永久观测点设于+500mm），然后每施工一层就复测一次，直至竣工。

在施工打桩、基坑开挖以及基础完工后，上部不断加层的阶段进行沉降观测时，必须记载每次观测的施工进度、增加荷载量、仓库进（出）货吨位、建筑物倾斜裂缝等各种影响沉降变化和异常的情况。每周观测后，应及时对观测资料进行整理，计算出观测点的沉降量、沉降差以及本周期平均沉降量和沉降速度。如果出现变化量异常，应立即通知委托方，为其采取防患措施提供依据，同时适当增加观测次数。

另外，不同周期的观测应遵循“五定”原则。所谓“五定”，即通常所说的沉降观测依据的基准点、基点和被观测物上沉降观测点，点位要稳定；所用仪器、设备要稳定；观测人员要稳定；观测时的环境条件基本上要固定；观测路线、镜位、程序和方法要固定。以上措施在客观上能保证尽量减少观测误差的主观不确定性，使所测的结果具有统一的趋向性；能保证各次复测结果与首次观测结果的可比性一致，使所观测的沉降量更真实。

◎水准测量方法测定建筑物的沉降变形

1. 工业与民用建筑

中、小型厂房和土木工程建筑物的沉降观测，一般采用普通水准测量方法。高大混凝土建筑物和大型水工建筑物，如大型的工业厂房、摩天大楼、大坝等，要求沉降观测的中误差不大于±1mm，因而要求采用精密的水准测量方法施测。

工业与民用建筑物多进行建筑物基础的沉降观测。对于建造在8～10m以上的基坑中的基础，需要测定基坑的回弹。工作点的标志通过预留的钻孔与地表相通，测量时需要自制悬挂的重锤，为便于下放重锤，重锤的直径需小于钢套管的直径；预留钢管和重锤的直径不能相差过大，以使重锤与测点标志正确接触。重锤的重量即为与钢尺比长时的拉力（一般为15kg）。钢尺和重锤紧固在一起，精确丈量重锤底面与某一整刻度的长度。若到1m刻度长为1.063m。测量时，将缠在绞车上或者皮夹上的钢尺悬挂重锤，经导向滑轮垂直放入预留的钢套管，使重锤底面和标志的顶端接触。按水准测量程序后视标尺，取读数$a=1.541$，前视钢尺的读数$b'=8.643$。因重锤底面到1m刻画的实际长度为1.063m，所以加常数为0.063m。所以此前视的正确读数，AB点间的高差h_{AB}为

$$h_{AB}=a-b=1.541-8.526=-6.985\text{m} \tag{7-1}$$

为了消除重锤与标志间的接触误差和发生意外，应该独立施测3遍，其互差不应超过±1mm。

深孔悬挂重锤的安装如图7-1所示。

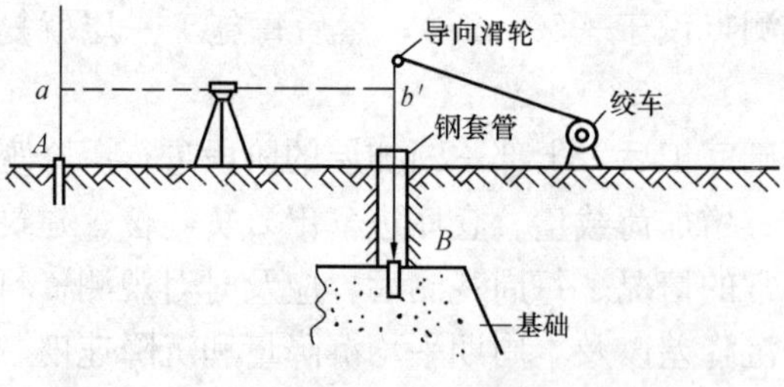

图 7-1 深孔悬挂重锤的安装

工业与民用建筑物的沉降观测的水准路线应布设成附合水准路线形状。与一般水准测量相比，其不同之处是视距较短，一般不超过 25m；因此，一次安装仪器可以插有几个前视点。为了减少系统误差的影响，要求在不同的观测周期，将水准仪安置在相同的位置进行观测。对于中小型厂房，采用三等水准测量；对于大型的厂房、连续型生产设备的基础和动力设备的基础、高层混凝土框架结构建筑物等，采用二等水准测量精度施测。

埋设在建筑物基础上的工作点，埋设之后应开始第一次观测，随后随着建筑物荷载的逐步增加进行重复观测。在运行期间重复观测的周期可根据沉降速度的快慢而定，每月、每季、半年或者一年一次，直到沉降停止为止。

对于沉降是否进入稳定阶段的判断，应由沉降量与时间关系曲线判定。对重点观测或者科研观测工程，如果最后 3 个周期观测中每周期沉降量不大于 $2\sqrt{2}$倍测量中误差，可认为已进入稳定阶段；一般观测工程，如果沉降速度小于 0.01～0.02mm/d，可认为已进入稳定阶段，具体取值宜根据各地区地基土的压缩性确定。

因为工业与民用建筑物的范围小，所以施测的水准路线一般比较短，且路线的高程闭合差也很小，一般不超过±（1～2）mm，闭合差可按测站平均分配，也可按距离成比例分配。

2. 水工建筑物

对于大坝沉降观测，其观测的程序应视观测站工作点到控制点的距离而定。如果距离较近，可构成二等水准路线，两条一并进行观测。大坝变形测量路线两端的首末工作点习惯上被称为工作基点。如果高程控制点到工作基点的距离较远，不便于一次测量时，则需先进行工作基点联系测量。

（1）工作基点与高程控制基点的联测。工作基点与高程控制基点的联测路线可布设成附合水准路线，采用复测水准支线等形式。一般按一等水准测量精度的要求和有关规定施测。每千米高差中数的中误差不大于±0.5mm，可采用 s 级精密水准仪和铟瓦水准尺施测。

由于沉降观测工作局限在某个固定范围，且观测线路是固定的，观测工作重复进行，所以可将仪器位置和立尺点作出标记，以便每次将仪器和标尺置于相同位置，这样既可便于测量，又可削弱部分系统误差的影响。

联测工作每年进行 1～2 次，并尽可能固定在某一时刻。

(2) 工作点的观测。大坝沉降观测工作点的沉降量是根据工作控制点测定的。一般采用精密水准仪按二等水准操作规定施测，高差中数中误差不得超过±1.0mm。

由于沉降观测在施工过程中就要开始，所以测量工作受施工的影响较大，而且大部分在廊道内进行，有的廊道高度过小，有的廊道底面呈阶梯形高低不平，使得立尺和架设仪器都受到一定的限制，并导致视距过短，有的甚至不到3m。因此测站数相对增多，根据实际经验对工作点的观测还应符合以下规定：

1) 使用固定仪器和标尺。

2) 设置固定的置镜点和立尺点，保证往、返测和复测采用同一线路。

3) 仪器到标尺的距离不得超过40m，每站前、后视距差不得大于0.3m，前、后视距的累积差不得大于1m，基、辅差不得超过0.25mm。

4) 每次进出廊道观测前后，仪器和标尺均需凉置半小时后再进行观测。

5) 在廊道内观测使用手电筒照明。

大坝沉降观测周期，在施工期间和运转初期应当缩短，观测次数加多；运转后期，当已掌握了变形规律后，观测的次数可适当减少；特殊情况下，如暴雨、洪峰、地震期，除按规定周期观测外，还需增加观测次数。

◎三角高程测量法测定建筑物的沉降变形

对于正在兴建和运营管理期间的大型工程建筑物进行沉降观测，通常采用静力水准测量或者高精度水准测量，要求设置精致的标志，使用精密的水准尺及其他高精度设备。为了降低成本和满足沉降观测的需求，可采用短边三角高程测量法进行建筑物的沉降观测，具体方法如下：

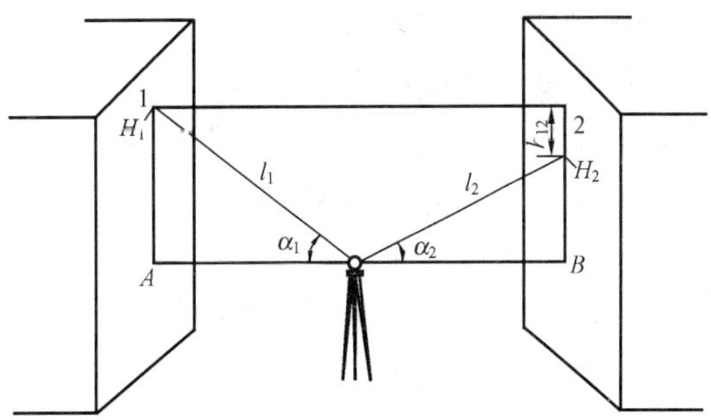

图7-2　用三角高程测量法测定建筑物沉降

在建筑物上分别固定标志1和2（图7-2），在建筑物之间安置精密光学经纬仪，测定倾斜角 α_1 及 α_2。当 α_1 及 α_2 很小的情况下，标志的高程 H 可按式（7-2）计算

$$H = l \times \frac{\alpha}{\rho} \tag{7-2}$$

式中　l——仪器到标志的斜距。

ρ=206265″。

则两个标志之间的高差 h_{12} 即可求得。当 $l_1 \approx l_2 \approx l$，和 $\alpha_1 \approx \alpha_2 \approx \alpha$ 时，且测角和量距误差对高差有影响时，则对量距和测角的精度要求为

$$\left.\begin{aligned} m_e &= \frac{m_k \rho}{2\alpha} \\ m_\alpha &= \frac{m_k \rho}{2l} \end{aligned}\right\} \tag{7-3}$$

由式（7-3）可知测角和量距误差的大小，都与 m_k 有关，试验数据表明，倾斜角 α 愈大，距离 l 愈长则对测角、量距的精度要求愈高。如当要求建筑物沉降观测中误差 $m_{沉}=\pm 0.5\text{mm}$ 时，则在 1 测站上测定高差的中误差为

$$m_{k站} \leqslant \frac{m_{沉}}{\sqrt{2\mu}} \tag{7-4}$$

式中 $m_{沉}$——沉降观测中误差；

μ——从已知水准点到最远标志测定高差平均差值的权导数。

通过试验，当仪器距离标志 $l=5\text{m}$ 时，则有

$$m_{k站} \leqslant |0.05| \text{ mm}$$

根据使用 010 光学经纬仪观测结果表明，当 $l=2\sim15\text{m}$，$\alpha=0°\sim5°$时，一测回角中误差为 $\pm 1''$。

◎沉降观测应提交的表格

沉降观测应提交的表格包括：

（1）工程平面位置图及基准点分布图；

（2）沉降观测点位分布图；

（3）沉降观测成果表；

（4）时间—荷载—沉降量曲线图；

（5）等沉降曲线图。

7.3 倾斜观测

本节主要介绍超过建筑物倾斜测量和坝体倾斜测量。

◎超高建筑物倾斜测量

对于超高建筑物多采用经纬仪投影或者测水平角的方法来测定倾斜。图 7-3 中 A，B 分别为设计在建筑物同一竖线上的平、高两点。当建筑物发生倾斜时，高点 B 相对于平点 A 移动了某一数值 e，则建筑物的倾斜值 i 为

$$i = \tan\alpha = e/h \tag{7-5}$$

为了确定建筑物的倾斜必须得到 e，h 值，h 一般为已知数据，当 h 为未知时，如图 7-4，可以在地面上设两条基线，用三角测量的方法测定。这时经纬仪应设置在距建筑物较远的地方，距离最好在 $1.5h$ 以上，以减少仪器纵轴不垂直的影响。

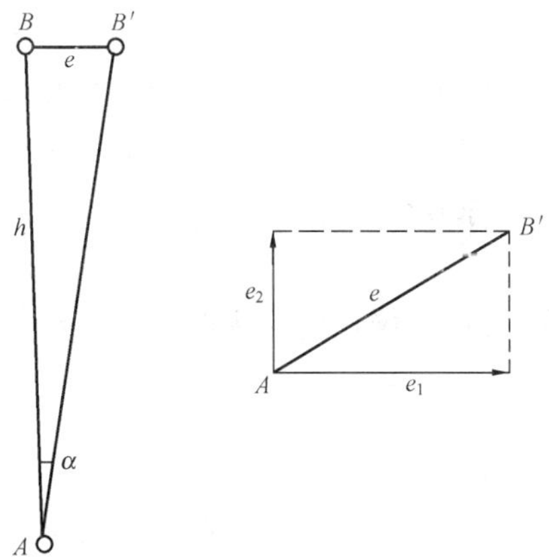

图 7-3　建筑物的倾斜观测

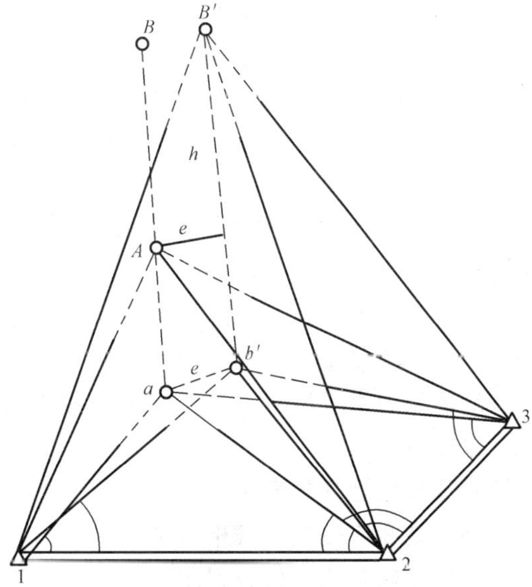

图 7-4　解析法求偏移量

现假设 A，B 两点无法摆设仪器，很难作点位投影工作，现介绍高点 B 偏移平点 A 的移动值 e 的解析求法。设 a 为设计铅垂线 AB 的平面投影位置，b' 点为空间 B' 点的投影位置。围绕 A，B' 点在地面上选定基线 1—2，2—3（按 5″小三角基线丈量精度量取基线边），在 1，2，3 三点间用前方交会法，按 5″小三角的精度要求测定 A，B' 平面坐标（可假定 $X_1=0$，$Y_1=0$，$\alpha_{1-2}=0°00'00''$，$H=0$）和高程 H_A，H_B，则

$$h = H_B - H_A,\quad e = \sqrt{(Y'_B - Y_A)^2 + (X'_B - X_A)^2} \tag{7-6}$$

◎**坝体（水工建筑物）倾斜测量**

1. 水准测量方法

各类型变形测量均在建筑物基础的重要部位设站，通过水准观测求得各点的高程，就可以求得各工作点的下沉值，从而计算倾斜值。

2. 气泡式倾斜仪

气泡式倾斜仪由一个高灵敏度的气泡水准管 e 和一套精密测微器组件构成。如图 7-5 所示，q 为测微杆，h 为读数盘，k 为指标。气泡式水准管 e 固定在支

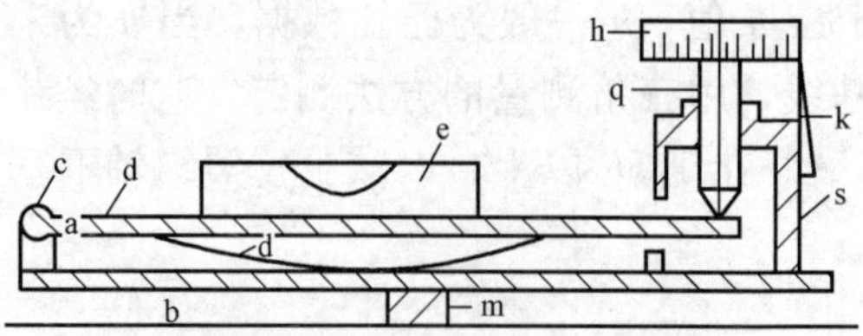

图 7-5 气泡式倾斜仪的结构

a—支架；b—底板；c—点 c；d—弹簧片；e—气泡水准管；h—读数盘；k—指标；m—置放装置；q—测微杆；s—测微杆连接器

架上，支架 a 可绕 c 点转动，支架 a 下装有弹簧片 d，使支架 a 与底板 b 接触，在底板 b 下装有置放装置 m，s 为测微杆连接器，s 与底板紧固在一起。通过 m 将倾斜仪安置在需要的位置上以后，转动读数盘 h，使测微杆 q 上下移动，压动支架。使气泡水准管 e 的气泡居中。此时在度盘上读出初始读数 h_0；如果基础发生倾斜变形，仪器气泡会发生偏移；为求取倾斜值需重新转动读数盘 h 使气泡居中，读出读数 h_j，$j=1, 2, 3, \cdots, n$，其中 n 为观测周期数；将初始读数 h_0 与周期读数 h_j 相减，即可求得倾斜角。

3. 液体静力水准测量方法

液体静力水准测量方法是利用一种特制的静力水准仪，测定两点间的高差变化，以计算倾斜。

◎倾斜观测应提交的表格

倾斜观测应提交的表格包括：

(1) 倾斜观测点位布置图。

(2) 倾斜观测成果表。

(3) 主体倾斜曲线图。

7.4 水平位移观测

水平位移的观测任务是测定建筑物在平面位置上随时间变化的移动量。本节主要介绍水平位移的观测的几种方法。

◎视准线法

在被测物体两端设有固定点，将经纬仪置于一端，另一端置觇标，则瞄准后，经纬仪的视准面形成一基准面，利用此基准面来观测位移的方法就是视准线法。视准线法包括小角法和活动觇牌法。

对于水坝等建筑物的位移观测，由于要求位移观测中误差要小于±1mm，因此对端点的设置、对中装置的构造、觇标的形式及颜色等都应有特别的考虑。一般仪器站点最好设置观测墩，以避免观测时采用三脚架安置仪器对中，这是因为三脚架安置仪器既不稳固，对中精度也差。

可用测小角法和活动觇牌法测定观测点偏离基准线的偏离值。测小角法是利用精密经纬仪，如 J_1 型仪器，精确测出基准线与置镜端点到观测点 p_i 视线之间所夹的微小角度（图7-6），所需求的偏离值如可按式（7-7）求出：

$$l_i = \frac{\alpha_i}{\rho} \times S_i \qquad (7\text{-}7)$$

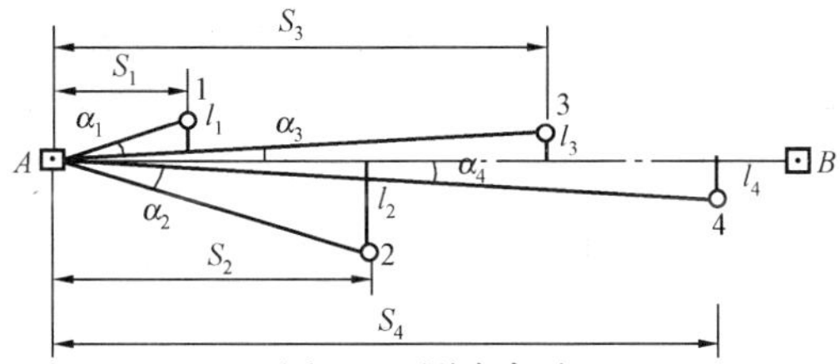

图7-6　测小角法

式中，S_i 为端点 A 到观测点 p_i 距离。

1. 测小角法

测小角法的具体做法如下：在基准线端点 A 置精密经纬仪，另一端 B 和中间观测点 p_i 上分别安置两个固定觇牌，仪器先瞄准 B 点觇牌，并在测微鼓上读数，然后然后照准 p_i 点觇牌并读数，两读数之差即为半测回的角值 α_1，然后变换测微鼓位置5～7个小格后，按上述操作顺序，测得另外半测回的角值 α_2，取两个半测回角值之平均值，即为所求之角值 α_i。

2. 活动觇牌法

活动觇牌法是利用一种精密的附有读数装置的活动觇牌来直接测定偏离值。与测小角法不同的是，在 p_i 点不是安置固定觇牌，而是置活动的觇牌，如图7-7。觇牌下有微动及测微装置，观测时在经纬仪视线位于基准线内后微动觇牌，使觇牌上的照准标志的对称轴心移动到仪器视场内的十字丝交点上，此时，在活动觇牌的读数设备上读取读数（可估读数0.1mm），活动觇牌的零位值是觇牌上照准标志的对称轴与置中装置中心线重合时的读数，零位置应预先测定和检查，由读数值并考虑零位值后，即可求得偏离值。

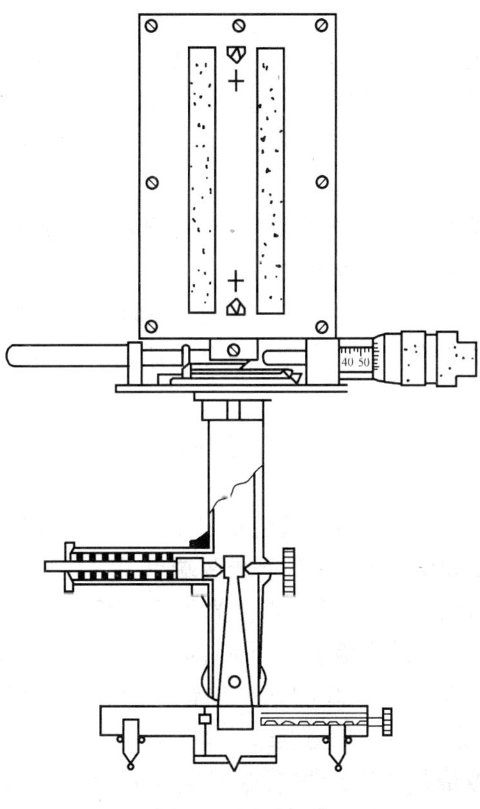

图7-7　活动觇牌

用精密视准线法观测时，由于经纬仪等采用了强制对中设备，仪器和觇牌对中误差可在±0.1mm左右，对偏离值的精度影响很小。

◎**引张线法**

引张线法是在两固定端点之间用拉紧的金属丝作为基准线，用于测定建筑物的水平位移。引张线的装置由端点、观测点、测线（不锈钢丝）与测线保护管四部分组成。在引张线法中假定钢丝两端固定不动，则引张线是固定的基准线。由于各观测点上标尺是与建筑物体固定连接的，因此对于不同的观测周期，钢丝在标尺上的读数变化值，就是该观测点的水平位移值。引张线法常用于大坝变形观测中，引张线安置在坝体廊道内，不受折光和外界影响，所以观测精度较高，根据生产单位的统计，三测回观测平均值的中误差可达 0.03mm。

◎激光准直法

激光经纬仪是能发射收敛良好的激光光束的经纬仪，在观测点安置的活动觇牌也具有特殊结构。觇牌由中心装有两个半圆的硅光电池组成的光电探测器代替。两个硅光电池各自连接在检流表上，当激光束通过觇牌中心时，硅光电池的左右两个半圆上接收相同的激光能量，检流表指针在零位，反之检流表指针偏离零位。这时，移动光电探测器使检流表指针指零，即可在读数尺上读数。

激光准直又分为经纬仪激光准直和衍射式（波带板）激光准直。

1. 激光准直经纬仪

将激光经纬仪安置在端点 A 上，在另一端点 B 上安置光电探测器，将光电探测器的读数置零，调整经纬仪水平度盘微动螺旋，移动激光束的方向，使在 B 点的光电测微器的检流表的指针指零。这时，基准面既已确定，经纬仪水平度盘就不能再动。

依次将望远镜的激光束投射到安置于每个观测点处的光电探测器上，只要使检流表指针指零，就可读取每个观测点相对于基准面的偏离值。

具体操作时，用激光经纬仪初步瞄准 B 点（可利用望远镜直接瞄准），然后用光电探测器测定激光束对基准面的偏离值，即可由相似三角形原理对各观测点进行改正。

为了提高观测精度，在每一观测点上，探测器应进行多次探测。

2. 波带板激光准直

原理与经纬仪激光准直相似，波带板激光准直系统包括三个部分：激光器点光源、波带板装置和光电探测器。观测如图 7-8，在基准线两端点 A，B 分别安置激光器点光源和探测器，观测点 C 上安置波带板，当激光器开启后，激光器点光源发射出一束激光，照满波带板，通过波带板上不同透光孔的绕射光波之间的相互干涉，就会在光源和波带板连线延伸方向线的某一位置上形成一个亮点（圆形波带板）或者十字线（方形波带板），根据观测点的具体位置，对每一观测点可以设计专用的波带板，使所成的像恰好落在接收端点 B 的位置上。利用安置在 B 点的探测器，可以测出 AC 连线在 B 点处相对于基准面的偏离值 BC'，则

C 点对基准面的偏离值为 l_c，如图 7-9。

$$l_c = \frac{S_c}{L} \times \overline{BC'}$$

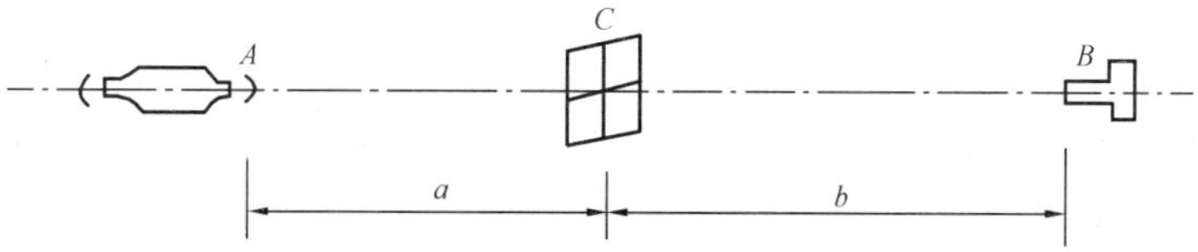

图 7-8 波带板激光准直测量

利用波带板激光准直系统进行观测，其精度比激光经纬仪有很大提高。激光经纬仪准直是激光源通过望远镜射出，光束稳定性较差，且在不同截面上光强分布不容易有稳定的中心。当准直距离较长时，波带板激光电探测的对准精度，由于受激光光斑在大气中传输的漂移而使探测产生困难。我国试制有自动找中位移数显探测器，使探测器能自动对准光源中心，并显示读数。

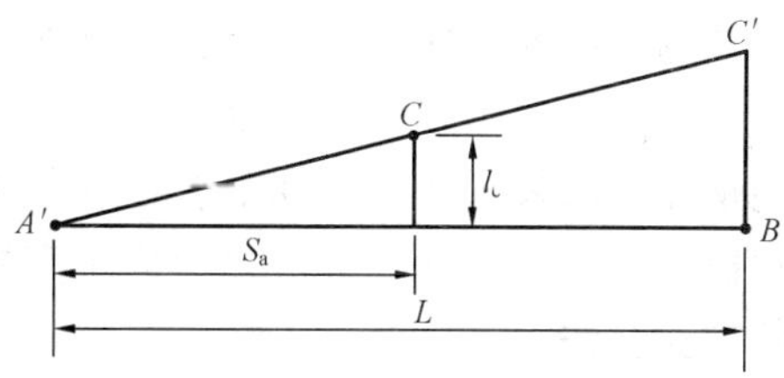

图 7-9 偏离值为 l_c

视准线法和激光准直随着基准线长度的增加，偏离值测定的误差会显著增大，所以，常采用分段基准线观测的方法。

分段基准线法是先测定基准线中少数观测点（分段点）相对基准线的偏离值，然后将这些分段点作为分段基准线的端点，测定各观测点相对分段基准线的偏离值，然后改算到总基准线上，这样总基准线上只需要测定少数几点的偏离值，就可选择最有利的时间以减弱旁折光的影响，同时还可以增加测回数来提高精度，其余的观测点就可在较短的基准线上进行观测了。

3. 长度变化测量仪

建筑物和地表的变形将表现为两点间的距离变化，长度变化测量仪即可精确测定任意两点间距离的变化。

如 DISTOMETER 长度变化测量仪，如图 7-10，精度为 20m⊥0.02mm (1×10^{-6})。

用 DISTOMETER 长度变化测量仪测量隧道断面变化时端点（安装螺栓）的设置法如图 7-11。根据支护方式，螺栓可设在混凝土内或者焊在钢架上，点设置好后，根据点间的不同距离，截取相应长度的铟瓦线尺，两端嵌入线尺接头内，即可用来测量，使用时套入方向接头内，并和测长计一起安在两端点螺栓

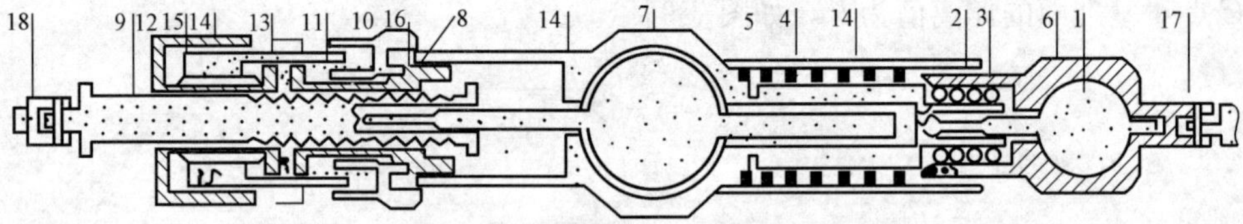

图 7-10　DISTOMETER 长度变化测量仪

1—弹簧伸长测量计；2、8—测针；3—轴承；4—精密拉力弹簧；5—罩子；6—连接单元；7—距离测量百分表；9—粗校正杆；10—拉力粗调环；11—弹簧；12—拉力微调环；13—平面轴承；14—仪器差；15—微调螺纹；16—销钉；17—连接器；18—与测点连接螺旋

上，调整拉力计指零（标准拉力），即可读出距离读数。由以后的变形过程中的重复观测数读数，即可求得两点间距离的变化值。本仪器是用作观测距离的精密仪器，至于绝对距离需另行校订。

铟瓦线尺长可在 1～50m 范围内变动，长度变化范围为 10cm，20m 内距离变化精度为±0.2mm；20m 以上为距离的$\pm1\times10^{-6}$倍。

◎前方交会法

在测定大型工程建筑物的水平位移时，可利用变形影响范围以外的控制点用前方交会法进行。

如图 7-12 所示，1、2 点为互不通视的控制点，T_1 为建筑物上的位移观测点。由于 r_1 及 r_2 不能直接测量，为此必须测量连接角 r'_1 及 r'_2，则 r_1 及 r_2 通过计算可以求得：

$$\left.\begin{aligned}\gamma_1 &= (a_{2-1} - a_{K-1}) - \gamma'_1 \\ \gamma_2 &= (a_{p-1} - a_{1-2}) - \gamma'_2\end{aligned}\right\} \tag{7-8}$$

式中　a——相应方向的坐标方位角。

为了计算 T_1 点的坐标，现以点 l 为独立坐标系的原点，1－2 点的连线为 Y 轴，则 T_1 点的初始坐标计算是：

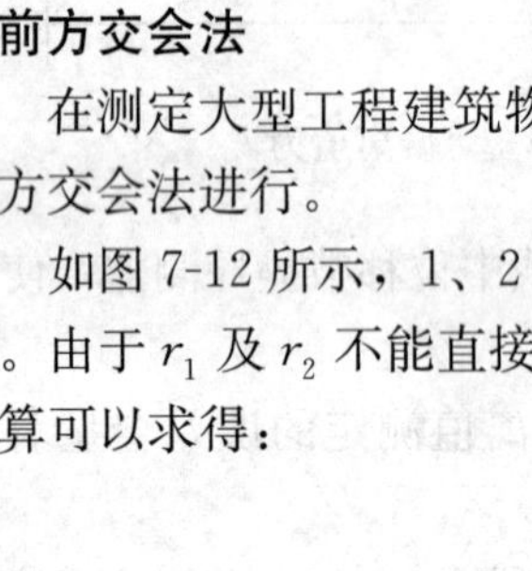

图 7-11　长度变化测量仪测量隧道断面变形

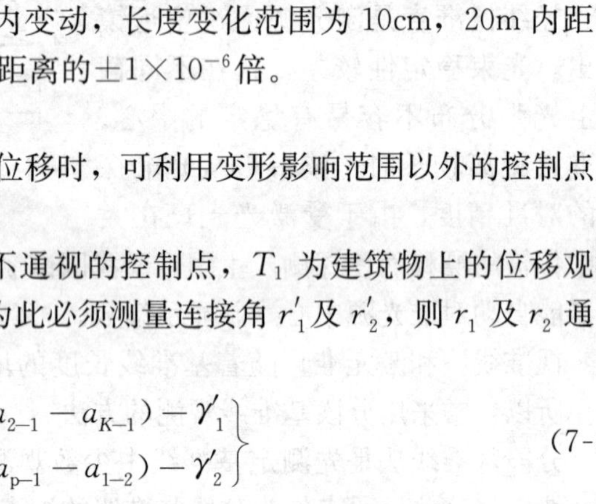

图 7-12

$$\left.\begin{aligned} X_{T_1} &= b_1\sin\gamma_1 = b_i\sin\gamma_2 \\ Y_{T_1} &= b_1\cos\gamma_1 = b_2\sin\gamma_2\cot\gamma_1 \end{aligned}\right\} \tag{7-9}$$

或者

$$\left.\begin{aligned} X_{T_1} &= b\sin\gamma_1\ \sin\gamma_2/\sin(\gamma_1+\gamma_2) \\ Y_{T_1} &= b\cos\gamma_1\ \sin\gamma_2/\sin(\gamma_1+\gamma_2) \end{aligned}\right\} \tag{7-10}$$

经过整理得

$$\left.\begin{aligned} X_{T_1} &= \frac{b}{\cot\gamma_1+\cot\gamma_2} \\ Y_{T_1} &= \frac{b}{\tan\gamma_1\cot\gamma_2+1} \end{aligned}\right\} \tag{7-11}$$

同理，根据式（7-11）可以写出第 i 个测回建筑物位移观测点 T_i 的坐标公式：

$$\left.\begin{aligned} X_{T_i} &= \frac{b}{\cot(\gamma_1+\Delta\gamma_1)+\cot(\gamma_2+\Delta\gamma_2)} \\ Y_{T_i} &= \frac{b}{\tan(\gamma_1+\Delta\gamma_1)\cot(\gamma_2+\Delta\gamma_2)+1} \end{aligned}\right\} \tag{7-12}$$

式中　$\Delta\gamma_1$，$\Delta\gamma_2$——分别为角 γ_1 和角 γ_2 在测回间的角差。

将式（7-12）展开成级数并取至二次项，即得出第 i 个测回确定建筑物位移观测点 T_i 的坐标公式：

$$\left.\begin{aligned} X_{T_i} &= X_{T_1} + \frac{X_{T_1}^2}{b}\times\frac{\Delta\gamma_1}{\rho\sin^2\gamma_1} + \frac{X_{T_1}^2}{b}\times\frac{\Delta\gamma_2}{\rho\sin^2\gamma_2} \\ Y_{T_i} &= Y_{T_1} + \frac{Y_{T_1}^2\tan\gamma_1}{b\sin^2\gamma_2}\times\frac{\Delta\gamma_2}{\rho} - \frac{Y_{T_1}^2\cot\gamma_2}{b\cos^2\gamma_1}\times\frac{\Delta\gamma_1}{\rho} \end{aligned}\right\} \tag{7-13}$$

将式（7-9）代入式（7-13）有：

$$\left.\begin{aligned} X_{T_i} - X_{T_1} &= \Delta X_T = \frac{b_1^2}{b}\times\frac{\Delta\gamma_1}{\rho} + \frac{b_2^2}{b}\times\frac{\Delta\gamma_2}{\rho} \\ Y_{T_i} - Y_{T_1} &= \Delta Y_T = -\frac{b_1^2}{b}\times\cot\gamma_2\times\frac{\Delta\gamma_1}{\rho} + \frac{b_2^2}{b}\times\cot\gamma_1\times\frac{\Delta\gamma_2}{\rho} \end{aligned}\right\} \tag{7-14}$$

在式（7-14）中 $\Delta\gamma_1$ 与 $\Delta\gamma_2$ 前面的系数对每个位移观测点都是常数，所以有如下计算过程：

$$\left.\begin{aligned} A &= \frac{b_1^2}{b\rho} \\ B &= \frac{b_2^2}{b\rho} \\ C &= \frac{b_1^2}{b\rho}\cot\gamma_2 \\ D &= \frac{b_2^2}{b\rho}\gamma_1 \end{aligned}\right\} \tag{7-15}$$

于是

$$\left.\begin{aligned} \Delta X_{\mathrm{T}} &= A\Delta\gamma_1 + B\Delta\gamma_2 \\ \Delta Y_{\mathrm{T}} &= -C\Delta\gamma_1 + D\Delta\gamma_2 \end{aligned}\right\} \tag{7-16}$$

由式（7-16）可以看出，当测定位移观测点的坐标增量时，不必直接计算点位的坐标值。在式（7-16）中，当 $\Delta\gamma_1$ 与 $\Delta\gamma_2$ 的数值分别随角值 γ_1 和 γ_2 的增大而增大，则符号 $\Delta\gamma_1$ 与 $\Delta\gamma_2$ 为正值，否则为负。如果角 γ'_1 与 γ'_2 的数值在随后的测回里减小，则角度差 $\Delta\gamma_1$ 和 $\Delta\gamma_2$ 为正值。

建筑物位移观测点的水平位移总量按式（7-17）计算：

$$Q = \sqrt{\Delta X_{\mathrm{T}}^2 + \Delta Y_{\mathrm{T}}^2} \tag{7-17}$$

而水平位移的方向或者坐标方位角 M 为

$$M = \alpha^4 Q - (\alpha^4 T_{1-1} - \alpha T_{1-1}) \tag{7-18}$$

式中 $\alpha^4 Q$——独立坐标系中位移的坐标方位角；

$\alpha^4 T_{1-1}$——在独立坐标系中 T_{1-1} 方向的坐标方位角。

从式（7-16）中可知，确定水平位移增量的精度取决于连接角观测的精度。当 $\gamma_1 = \gamma_2 = 45°$，$b_1 = b_2$；$b = 500\mathrm{m}$ 及 $m_{\mathrm{T}} = \pm 2''$时，总水平位移 Q 的中误差 $m_{\mathrm{Q}} = \pm 7\mathrm{mm}$。

◎后方交会法

为了测定单体建筑物的水平位移，可在被测建筑物本体上设立测站，要求测站标志必须和建筑物连成一个整体。在建筑物周围，当然应在变形范围之外寻找4～5个固定方向，要求测站点和观测点都有强制归心设备，以克服偏心误差的影响。常见的对中装置有三叉式对中盘，点、线、面式对中盘，球、孔式对中装置三种。

1. 三叉式对中盘

如图 7-13 所示，盘上铣出三条辐射形凹槽，三条凹槽夹角为 120°，对中时必须先把基座的底板卸掉，将三只脚螺旋尖端安放在三条凹槽中后，经纬仪就在对中盘上定位了。

2. 点、线、面式对中盘

如图 7-14 所示。盘上有三个小金属块，分别是点、线、面。“点”是金属块上有一个圆锥形凹穴，脚螺旋尖端对准放上去后即不可移动，“线”是金属块上有一条线形凹槽，脚螺旋尖端在凹槽内可以沿槽线移动；第三块是一个平面，脚螺旋尖端在上面有二维自由度，当脚螺旋间距与这三个金属块间距大致相等时，仪器可以在对中盘上精确就位。

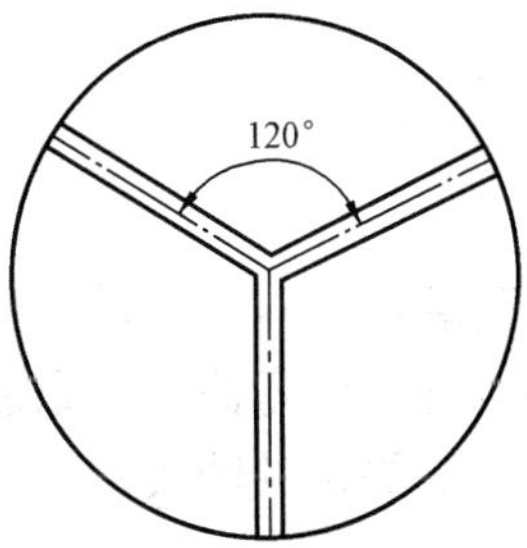

图 7-13 三叉式对中盘

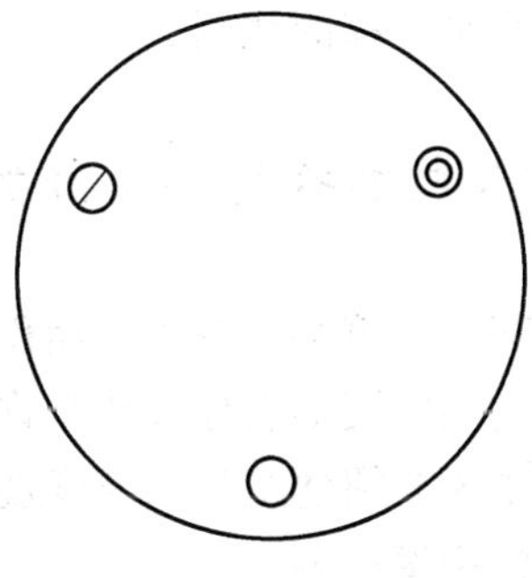

图 7-14 点、线、面式对中盘

3. 球、孔式对中装置

如图 7-15 所示，固定在标志体上的对中盘上有一个圆柱形的对中孔，另有一个对中球（或者圆柱）通过螺纹可以旋在基底的底板下，对中球外径与对中孔的内径匹配，旋上对中球的测量仪器通过球孔接口，可以精确地就位于对中盘上。

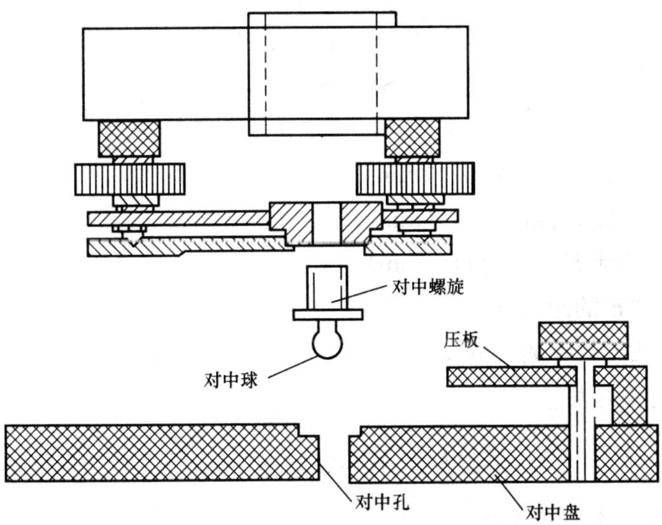

图 7-15 球、孔式对中装置

仪器和观测标志都设置强制归心设备后，即可在测站上进行多次后方交会观测，这样定期地观测若干组观测值，若假定原有固定方向的位置没有变化，根据几组观测成果，可以推算出本测站的平面位移量。

◎水平位移观测应提交的图表

水平位移观测应提交的图表包括：

（1）水平位移观测点位布置图。

（2）水平位移观测成果表。

（3）水平位移曲线图。

7.5 建筑物的挠度和裂缝的观测

对于高层建筑物，较小的面积上有较大的集中荷载，导致了基础和建筑物的沉陷，不均匀的沉陷会导致建筑物的倾斜，使局部构件产生弯曲并导致裂缝的产生。本节主要介绍建筑物的挠度观测和裂缝观测以及应提供的图表。

◎建筑物的挠度观测

1. 建筑物基础挠度观测

建筑物基础挠度观测可与建筑物沉降观测同时进行，如图7-16所示。观测点应沿基础的轴线或者边线布设，每一基础不得少于3点。

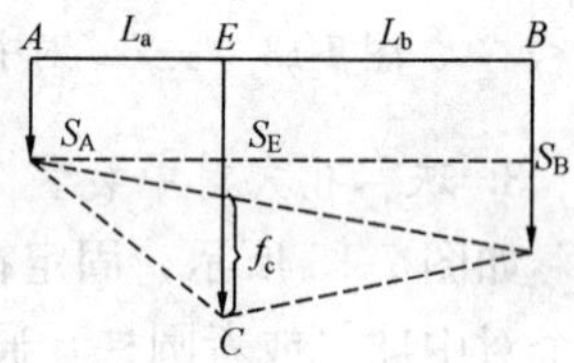

图7-16　挠度观测

观测方法、标志设置与沉降观测相同。挠度值 f_c 可按式（7-19）计算。

$$\left.\begin{aligned} f_c &= \Delta S_{AE} - \frac{L_a}{L_a + L_b}\Delta S_{AB} \\ \Delta S_{AE} &= S_E - S_A \\ \Delta S_{AB} &= S_B - S_A \end{aligned}\right\} \tag{7-19}$$

式中 S_A——基础 A 点沉降量（mm）；

S_B——基础 B 点沉降量（mm）；

S_E——基础 E 点沉降量（mm）；

L_a——AE 的距离（m）；

L_b——EB 的距离（m）。

跨中的挠度值为

$$f = \Delta S_{AE} - \frac{1}{2}\Delta S_{AB} \tag{7-20}$$

2. 建筑物主体挠度观测

建筑物的主体挠度观测，除观测点应按建筑物结构类型在各个不同高度或者各层处沿一定垂直方向布设外，其标志设置、观测方法与建筑物主体倾斜观测相同。通过建筑物上不同高度点相对底部点的水平位移值来确定挠度值。

3. 独立构筑物挠度观测

独立构筑物的挠度观测，除可采用建筑物主体挠度观测要求外，还可在观测条件允许时，采用挠度计、位移传感器等设备直接测定挠度值。

挠度观测的周期应根据荷载情况考虑设计和施工要求确定。整体变形的观测中误差不应超过允许垂直偏差的 1/10，结构段变形的观测中误差不应超过允许值 1/6。

◎挠度观测应提交的表格

挠度观测应提交的表格包括：

（1）挠度观测点布置图。

（2）观测成果图。

（3）挠度曲线图。

◎建筑物的裂缝观测

建筑物发现裂缝，除了要增加沉降观测的次数外，应立即进行裂缝变化的观测。为了观测裂缝的发展情况，要在裂缝处设置观测标志。设置标志的基本要求是：当裂缝开展时标志就能相应的开裂或者变化，正确的反映建筑物裂缝发展情况。其形式有下列三种：

（1）石膏板标志。用厚 10mm，宽约 50～80mm 的石膏板（长度视裂缝大小而定），在裂缝两边固定牢固。当裂缝继续发展时，石膏板也随之开裂，从而观察裂缝继续发展的情况。

（2）白铁片标志。如图 7-17 所示，用两块白铁片，一片取 150mm×150mm 的正方形，固定在裂缝的一侧，并使其一边和裂缝的边缘对齐。另一片为 50mm×200mm，固定在裂缝的另一侧，并使其中一部分紧贴相邻的正方形白铁片。当两块白铁片固定好以后，在其表面均涂上红色油漆。如果裂缝继续发展，两白铁片将逐渐拉开，露出正方形白铁上原被覆盖没有涂油漆的部分，其宽度即为裂缝加大的宽度，可用尺子量出。

（3）金属棒标志。如图 7-18，在裂缝两边钻孔，将长约 10cm，直径 10mm

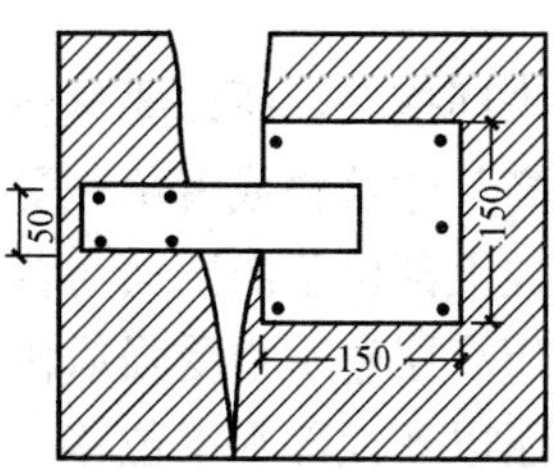

图 7-17　白铁片标志

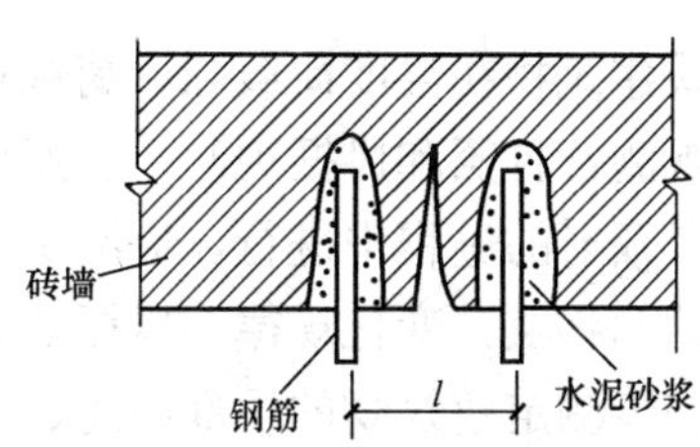

图 7-18　金属棒标志

以上的钢筋头插入，并使其露出墙外约2cm左右，用水泥砂浆填灌牢固。在两钢筋头埋设前，应先把外露一端锉平，在上面刻画十字线或者中心点，作为量取间距的依据。待水泥砂浆凝固后，量出两金属棒之间距并进行比较，即可掌握裂缝发展情况。

◎裂缝观测的要求

（1）对需要观测的裂缝应统一进行编号。每条裂缝至少应布设两组观测标志，一组在裂缝最宽处，另一组在裂缝末端。每组标志由裂缝两侧各一个标志组成。

（2）裂缝观测标志，应具有可供量测的明晰端面或者中心。观测期较长时，可采用镶嵌或者埋入墙面的金属标志、金属杆标志或者楔形板标志；观测期较短或者要求不高时可采用油漆平行线标志或者用建筑胶粘贴的金属片标志。要求较高、需要测出裂缝纵横向变化值时，可采用坐标方格网板标志。使用专用仪器设备观测的标志，可按具体要求另行设计。

（3）对于数量不多，易于量测的裂缝，可视标志型式不同，用比例尺、小钢尺或者游标卡尺等工具定期量出标志间距离求得裂缝变位值，或者用方格网板定期读取“坐标差”计算裂缝变化值；对于大面积且不便于人工量测的众多裂缝宜采用交会测量或者近景摄影测量方法；当需连续监测裂缝变化时，还可采用测缝计或者传感器自动测记方法观测。

（4）裂缝观测的周期应视其裂缝变化速度而定。通常开始可半月测一次，以后一月左右测一次。当发现裂缝加大时，应增加观测次数。

（5）裂缝观测中，裂缝宽度数据应量取至0.1mm，每次观测应绘出裂缝的位置、形态和尺寸，注明日期，并拍摄裂缝照片。

◎裂缝观测应提交的图表

裂缝观测应提交的图表包括：

（1）裂缝位置分布图。

（2）裂缝观测成果表。

（3）裂缝变化曲线图。

7.6 日照和风振变形测量

塔式建筑物在温度荷载和风荷载作用下会产生来回摆动，所以要对建筑物进行动态观测：日照和风振观测。日照变形观测应在高耸建筑物或者单柱受强阳光照射或者辐射的过程中进行，应测定建筑物或者单柱上部由于向阳面与背阳面温差引起的偏移及其变化规律。风振观测应在高层、超高层建筑物受强风作用的时间段内同步测定建筑物的顶部风速、风向和墙面风压以及顶部水平位移。本节主要介绍日照变形观测和风振变形观测及其应提交的图表。

◎**日照变形观测**

1. 观测步骤

当利用建筑物内部竖向通道观测时，应以通道底部中心位置作为测站点，以通道顶部垂直对应于测点的位置作为观测点。采用激光铅直仪观测法，在测站点上安置激光铅直仪，在观测点上安置接收靶，每次观测可从接收靶读取或者量出顶部观测点的水平位移值和位移方向，也可借助附于接受靶上的标示光点设施直接获得每次观测的激光中心轨迹图，然后反转其方向即为实施日照变形曲线图。

当从建筑物或者独立高柱外部观测时，观测点应选在受热面的顶部或者受热面上部的不同高度处与底部（视观测方法需要布置）的适中位置，并设置照准标志。独立高柱也可直接照准顶部与底部中心线位置，测站点应选在与观测点连线呈正交的两条方向线上，其中一条最好与受热面垂直，距观测点的距离约为照准目标高度的1.5倍的固定位置处，并埋设标石。也可采用测角前方交会法或者方向差交会法。对于独立高柱的观测，按不同量测条件，可选用经纬仪投点法、测顶部观测点与底部观测点之间的夹角法或者极坐标法。按上述方法观测时，两个测站对观测点的观测应同步进行。所测顶部的水平位移量与位移方向应以首次测算的观测点坐标值或者顶部观测点相对底部观测点的水平位移值作为初始值，与其他各次观测的结果相比较后计算求取。

2. 精度要求

日照变形测量精度，可根据观测对象的不同要求和不同观测方法，具体分析确定。用经纬仪观测时，观测点相对测站点的点位中误差，对投点法不应大于±1.0mm，对测角法不应大于±2.0mm。

3. 时间要求

日照变形测量的时间，宜选在夏季的高温天气进行。一般观测项目，可在白天的时间段观测，开始于日出前，停止于日落后，每隔约1h观测一次；对于有科研要求的重要建筑物，可在全天24h内，每隔约1h观测一次。每次观测的同时，应测出建筑物向阳面与背阳面的温度，并测定风速与风向。

◎**日照变形观测应提交的图表**

日照变形观测应提交的图表包括：

（1）日照变形观测点位布置图。

（2）日照变形观测成果表。

（3）日照变形曲线图。

◎**风振变形观测**

1. 观测方法

风振变形观测应在高层、超高层建筑物受强风作用的时间段内同步测定建筑物的顶部风速、风向和墙面风压以及顶部水平位移，以获取风压分布、体型系数及风振系数。

顶部水平位移观测可根据要求和现场情况选用如下方法。

(1) 激光位移计自动测记法。当位移计发射激光时，从测试室的光线示波器上可直接获取位移图像及相关参数。

(2) 长周期拾振器测记法。将拾振器设在建筑物顶部天面中间，由测试室内的光线示波器记录观测结果。

(3) 双轴自动电子测斜仪（电子水枪）测记法。测试位置应选在振动敏感的位置，仪器 x 轴与 y 轴（水枪方向）与建筑物的纵横轴线一致，并用罗盘定向，根据观测数据计算出建筑物的振动周期和顶部水平位移值。

(4) 加速度计法。将加速度传感器安装在建筑物顶部，测定建筑物在振动时的加速度，通过加速度积分求解位移。

(5) GPS 差分载波相位法。将一台 GPS 接收机安置在距待测建筑物一段距离且相对稳定的基准站上，另一台接收机的天线安装在待测建筑物楼顶。接收机周围 5°以上应无建筑物遮挡或者反射物。每台接收机应至少同时接收 6 颗以上卫星信号，数据采集频率不应低于 10Hz。两台接收机同步记录 15～20min 数据作为一测段。视要求确定具体测段数。通过专门软件对接收的数据进行动态差分处理，根据获得的 WCS-84 大地坐标即可求得相应位移值。

(6) 经纬仪测角前方交会法或者方向差交会法。该法适应于在缺少自动测记设备和观测要求不高时建筑物顶部水平位移的测定，但作业中应采取措施防止仪器受到强风影响。

2. 精度要求

风振位移的观测精度，如用自动测记法，应视所用设备的性能和精确程度要求具体确定。如采用经纬仪观测，观测点相对测站点的点位中误差不应大于±15mm。

3. 计算公式

由实测位移值计算风振系数 β 时，可采用的公式是：

$$\beta = (S_{均} + 0.5A)/S_{均} \tag{7-21}$$

或者

$$\beta = (S_{静} + S_{动})/S_{静} \tag{7-22}$$

式中 $S_{均}$——平均位移值（mm）；

A——风力振幅（mm）；

$S_{静}$——静态位移（mm）；

$S_{动}$——动态位移（mm）。

◎**风振观测应提交的图表**

风振观测应提交的图表包括：

(1) 风速、风压、位移的观测位置布置图。

(2) 风振观测成果表。

(3) 风速、风压、位移及振幅等曲线图。

7.7 建筑物变形测量成果整理

建筑变形测量在通过现场观测取得第一手资料后，应对观测资料进行整理与分析，从而达到指导工程安全运营的作用。

建筑物变形观测整理分析主要包括观测资料整理、编制和观测资料的分析。

◎**观测资料整理、编制**

观测资料整理和整编包括：

(1) 校核原始记录，检查变形值的计算结果。

(2) 对各观测点按时间填写变形值，并绘制观测点变形值过程线，也就是以时间为横坐标，以累计变形值（位移、沉陷、倾斜、挠度等）为纵坐标绘制曲线，这些曲线能明显地反映出变形的趋势、规律和幅度，对初步判断建筑物工作情况是否正常非常有价值。

(3) 绘制建筑物变形分布图，可按剖面绘制或者绘制变形值等值线图。

◎**观测资料的分析**

主要分析归纳建筑物变形过程、变形规律、变形幅度，分析建筑物变形的原因，变形值与引起变形因素之间的关系，进而判断建筑物的工作情况是否正常，这一阶段的工作主要包括：

(1) 成因分析（定性分析）。成因分析是对结构本身（内因）与作用在建筑物上荷载（外因）以及测量本身加以分析、考虑，确定变形值变化的原因和规律性。

(2) 统计分析。根据成因分析，对实测资料加以统计，从中寻找规律，并导出变形值与引起变形的有关因素之间的函数关系，如露天矿边坡点位移动与降水量间的关系等，此时，一般采用一元回归和多元回归的方法。

(3) 变形值预报和安全判断。在成因分析和统计分析基础上。可根据求得的变形值与引起变形因素之间的函数关系，预报未来变形值的范围，并判断建筑物的安全程度。

第 8 章　建筑施工测量管理

8.1　技术质量管理

建筑施工测量工作技术质量应满足一定的要求。本节主要介绍施工测量放线的基本准则和施工测量质量控制管理。

◎施工测量放线的基本准则

(1) 执行国家法令、规范，对施工质量与进度负责。

(2) 遵守“先整体后局部”的工作程序，即先测设精度较高的场地整体控制网，然后以控制网为依据进行各局部建（构）筑物的定位、放线。

(3) 应校核测量起始依据（设计图纸、文件，测量起始点位、数据等）的正确性，坚持测量作业与计算工作步步校核。

(4) 测量方法应科学、简捷，精度应合理、相称，仪器精度选择应适当，使用应精心，在满足工程需要的前提下，力争做到节省费用。

(5) 定位、放线工作应经自检、互检合格后，由上级主管部门验线；此外，还应执行安全、保密等有关规定，保管好设计图纸与技术资料，观测时应当场做好记录，测后应及时保护好桩位。

◎施工测量质量控制管理

1. 测量外业工作

(1) 测量作业原则为先整体后局部，高精度控制低精度。

(2) 测量外业操作应按照有关规范的技术要求进行。

(3) 测量外业工作作业依据必须正确可靠，并坚持测量作业步步有校核的工作方法。

(4) 平面测量放线、高程传递抄测工作必须闭合交圈。

(5) 钢尺量距应使用拉力器并进行尺长、拉力、温差改正。

2. 测量计算

(1) 测量计算基本要求依据正确、方法科学、计算有序、步步校核、结果可靠。

(2) 测量计算应在规定的表格上进行。在表格中抄录原始起算数据后，应换人校对。

(3) 计算过程中务必做到步步有校核。计算完成后，换人进行验算。

3. 测量记录

(1) 测量记录基本要求：原始真实、数字正确、内容完整、字体工整。

(2) 测量记录应用铅笔填写在规定的表格上。

(3) 测量记录应当场及时填写清楚，不允许转抄，保持记录的原始真实性；采用电子仪器自动记录时，应打印出观测数据。

4. 施工测量放线检查和验线

(1) 建筑工程测量放线工作必须严格遵守“三检”（自检、复检、交接检）制和验线制度。

(2) 测量外业工作完成后，必须进行自检，并填写自检记录。

(3) 由项目测量负责人或者质量检查员组织进行测量放线质量检查，发现不合格项立即改正至合格。

(4) 测量作业完成后，在移交给下道工序时，一定要进行交接检查，并填写交接记录。

(5) 测量外业完成并经自检合格后，及时填写《施工测量放线报验表》并报监理验线。

5. 建筑施工测量主要技术精度指标（表 8-1～表 8-7）

表 8-1 建筑方格网的主要技术要求

等 级	边长（m）	测角中误差（″）	边长相对中误差
一级	100～300	±5	1/40 000
二级	100～300	±10	1/20 000

表 8-2 建（构）筑物平面控制网主要技术指标

等级	适用范围	测角中误差（″）	边长相对中误差
一级	钢结构、超高层、连续程度高的建筑	±8	1/24 000
二级	框架、高层、连续程度一般的建筑	±13	1/15 000
三级	一般建（构）筑	±25	1/8000

表 8-3 水准测量的主要技术指标

<table>
<tr><th rowspan="2">等级</th><th rowspan="2">每千米高差中数偶然中误差 m_Δ（mm）</th><th rowspan="2">仪器型号</th><th rowspan="2">水准标尺</th><th colspan="2">观测次数</th><th colspan="2">往返较差、附合线路或者环线闭合差（mm）</th><th rowspan="2">检测已测测段高差之差（mm）</th></tr>
<tr><th>与已知点联测</th><th>附合线路或者环线</th><th>平地</th><th>山地</th></tr>
<tr><td rowspan="2">三等</td><td rowspan="2">±3</td><td>DS1</td><td rowspan="2">因瓦
双面</td><td>往、返</td><td>往</td><td>$\pm 12\sqrt{L}$</td><td rowspan="2">$\pm 4\sqrt{n}$</td><td rowspan="2">$\pm 20\sqrt{L}$</td></tr>
<tr><td>DS3</td><td>往、返</td><td>往、返</td><td>$\pm 3\sqrt{n}$</td></tr>
</table>

续表

等级	每千米高差中数偶然中误差 m_{Δ}（mm）	仪器型号	水准标尺	观测次数		往返较差、附合线路或者环线闭合差（mm）		检测已测测段高差之差（mm）
				与已知点联测	附合线路或者环线	平地	山地	
四等	±5	S3	双面	往、返	往	$\pm20\sqrt{L}$	$\pm6\sqrt{n}$	$\pm30\sqrt{L}$
			单面	两次仪器高测往返	变仪器高测两次	$\pm5\sqrt{n}$		

表 8-4　基础外廓轴线限差

长度 L、宽度 B 的尺寸(m)	限差(mm)	长度 L、宽度 B 的尺寸(m)	限差(mm)
$L(B)\leqslant30$	±5	$90<L(B)\leqslant120$	±20
$30<L(B)\leqslant60$	±10	$120<L(B)\leqslant150$	±25
$60<L(B)\leqslant90$	±15	$150<L(B)$	±30

表 8-5　轴线竖向投测限差

项目		限差（mm）
每层		3
总高 H（m）	$H\leqslant30$	5
	$30<H\leqslant60$	10
	$60<H\leqslant90$	15
	$90<H\leqslant120$	20
	$120<H\leqslant150$	25
	$150<H$	30

表 8-6　各部位放线限差

项目		限差（mm）
外廓主轴线长度 L（m）	$L\leqslant30$	±5
	$30<L\leqslant60$	±10
	$60<L\leqslant90$	±15
	$90<L\leqslant120$	±20
	$120<L\leqslant150$	±25
	$150<L$	±30
细部轴线		±2
承重墙、梁、柱边线		±3
非承重墙边线		±3
门窗洞口线		±3

表 8-7 标高竖向传递限差

项目		限差（mm）
每层		3
总高 H（m）	$H \leqslant 30$	5
	$30 < H \leqslant 60$	10
	$60 < H \leqslant 90$	15
	$90 < H \leqslant 120$	20
	$120 < H \leqslant 150$	25
	$150 < H$	30

8.2 技术资料管理

测量技术资料即是测量的基本依据，又是绘制竣工图的依据。本节主要介绍测量技术资料管理原则和施工测量技术资料的编制。

◎测量技术资料管理原则

（1）测量技术资料应进行科学规范化管理。

（2）测量原始记录必须做到：表格规范，格式正确，记录准确，书写完整，字迹清晰。

（3）对原始资料数据严禁涂改或者凭记忆补记，且不得用其他纸张进行转抄。

（4）各种原始记录不得随意丢失，必须有专人负责，进行妥善保管。

（5）外业工作起算数据必须正确可靠，计算过程科学有序，严格遵守“三检制”。

（6）各种测量资料必须数据正确，符合表格规范，测量规程，格式正确方可报验。

（7）测量竣工资料应汇编有序、齐全，整理成册，并有完整的签字交接手续。

（8）测量资料应注意保密，并妥善保管。

◎施工测量技术资料的编制

1. 资料编制管理

施工测量技术资料应采用打印的形式并手工签字，签字必须使用档案规定用笔，为黑色钢笔或者黑色签字笔。

2. 资料编号的填写

(1) 施工测量技术资料表格的编号由分部工程代号、资料类别编号和顺序号组成，每部分之间用横线隔开。

(2) 分部工程代号：地基与基础01、主体结构02、建筑装饰装修03。

(3) 资料类别编号：施工测量记录C3。

(4) 顺序号：根据相同表格按时间自然形成的先后顺序号填写。

(5) 施工测量放线报验表编号按时间自然形成的先后顺序从001开始，连续标注。

3. 工程定位测量记录

(1) 业主委托测绘院或者具有相应测绘资质的测绘部门根据建筑工程规划许可证（附件）建筑工程位置及标高依据，测定出建筑物的红线桩。

(2) 施工测量单位应依据测绘部门提供的放线成果、红线桩及场地控制网（或者建筑物控制网），测定建筑物位置、主控轴线、建筑物±0.000绝对高程，并填写《工程定位测量记录》报监理单位审核。

(3) 定位抄测示意图须标出平面坐标依据、高程依据。如果按比例绘图时坐标依据、高程依据超出纸面，则可将其与现场控制点用虚线连接，标出相对位置即可。平面坐标依据、高程依据资料要复印附在《工程定位测量记录》后面。

(4) 使用仪器须注明该仪器出厂编号及检定日期。

(5) 工程定位测量完成后，应由建设单位报请具有相应测绘资质的测绘部门验线。

4. 基槽验线记录

施工测量单位应根据主控轴线和基底平面图，检验建筑物基底外轮廓线、集水坑、电梯井坑、垫层标高（高程）、基槽断面尺寸和坡度等，填写《基槽验线记录》报监理单位审核。

5. 楼层平面放线记录

放线简图应标明楼层外轮廓线、楼层重要控制轴线、尺寸及指北针方向。

6. 楼层标高抄测记录

抄测说明可写明+0.5m（+1.0m）水平控制线标高、标志点位置、测量工具等，如需要可画简图说明。

7. 建筑物垂直度、标高观测记录

施工单位应在结构工程完成和工程竣工时，对建筑物垂直度和标高进行实测并记录，填写《建筑物垂直度、标高观测记录》报监理单位审核。

8. 施工测量放线报验表

测量放线作业完成并经自检合格后，方可向监理报验，并及时填写《施工测量放线报验表》。

8.3 测量安全管理

建筑工程测量中，测量人员应遵守安全要求，保证人身及财产安全。本节主要介绍施工测量的一般安全要求、测量人员安全隐患、建筑工程施工测量安全管理、建筑测量变形安全管理、施工测量中质量事故的预防措施及施工测量中质量事故的处理方法。

◎施工测量的一般安全要求

（1）进入施工现场的作业人员，一定要先参加安全教育培训，考试合格后方可上岗作业，未经培训或者考试不合格者，不得上岗作业。

（2）不满18周岁的未成年工，不得从事工程测量工作。

（3）作业人员服从领导和安全检查人员的指挥，工作时思想集中，坚守作业岗位，未经许可，不得从事非本工种作业，严禁酒后作业。

（4）施工测量负责人每日上班前，必须集中本项目部全体人员，针对当天任务，结合安全技术措施内容和作业环境、设施、设备安全状况及本项目部人员技术素质、安全知识、自我保护意识及思想状态，有针对性地进行班前活动，提出具体注意事项，跟踪落实，并做好活动记录。

（5）六级以上强风、下雨及下雪天气，应停止露天测量作业。

（6）作业中出现险情时，必须立即停止作业，组织撤离危险区域，报告领导解决，不准冒险作业。

（7）在道路上进行导线测量、水准测量等作业时，要注意来往车辆，防止发生交通事故。

◎测量人员安全隐患

测量人员在安全隐患方面有“八多”。即：

（1）要去的地方多、观测环境变化多。测量工作从基坑到封顶，从室内结构到室外管线的各个施工角落均要放线，所以要去的地方多，且各测站上的观测环境变化多。

（2）接触的工种多、立体交叉作业多。测量人员从打护坡桩挖土到结构支模，从预留埋件的定位到室内外装饰设备的安装，需要接触的工种多，相互配合多，尤其是相互立体交叉作业多。

（3）在现场工作时间多，天气变化多。测量人员每天早晨上班要早，以检查线位桩点，下午下班要晚，以查清施工进度安排明天的活茬，中午工地人少，正适合加班放线以满足下午施工的需要，所以施工测量人员在现场工作时间多；天气变化多也应尽量适应。

（4）测量仪器贵重，各种附件与斧锤、墨斗工具多、接触机电机会多。测量仪器怕摔砸，斧锤怕失手，线坠怕坠落，人员怕踩空跌落；现场电焊机、临时电线多。因此，钢尺与铝质水准尺触电机会多。

◎**建筑工程施工测量安全管理**

（1）进入施工现场的人员一定要戴好安全帽，系好帽带；按照作业要求正确穿戴个人防护用品，着装要整齐；在没有可靠安全防护设施的高处（2m 以上）悬崖和陡坡施工时，必须系好安全带；高处作业不得穿硬底和带钉易滑的鞋，不得向下投掷物体。

（2）施工现场行走要注意安全，避让现场施工车辆，以免发生事故。

（3）施工现场不得攀登脚手架、井字架、龙门架、外用电梯，禁止乘坐非乘人的垂直运输设备上下。

（4）施工现场的各种安全设施、设备和警告、安全标志等未经领导同意不得任意拆除和挪动。如果是因为测量通视要求等需要拆除安全网等安全设施的，要事先与总包方相关部门协商，并及时予以恢复。

（5）在沟、槽、坑内作业必须常检查沟、槽、坑壁的稳定情况，上下沟、槽、坑必须走坡道或者梯子，严禁攀登固壁支撑上下，严禁直接从沟、槽、坑壁上挖洞攀登上下或者跳下，间歇时，不得在槽、坑坡脚下休息。

（6）在基坑边沿进行架设仪器等作业时，必须系好安全带并挂在牢固可靠处。

（7）配合机械挖土作业时，严禁进入铲斗回转半径范围。

（8）进入现场作业面必须走人行梯道等安全通道，严禁利用模板支撑攀登上下，不得在墙顶、独立梁及其他高处狭窄而无防护的模板面上行走。

（9）地上部分轴线投测采用内控法作业的，在内控点架设仪器时要注意上方洞口安全，以免洞口坠物发生人员和仪器事故。

（10）施工现场发生伤亡事故，必须立即报告领导，抢救伤员，保护现场。

◎**建筑测量变形安全管理**

（1）进入施工现场必须佩戴安全用具，安全帽戴好并系好帽带；穿戴整齐进入施工现场。

（2）在场内、场外道路进行作业时，要注意来往车辆，以免发生交通事故。

（3）作业人员处在建筑物边沿等可能坠落的区域应系好安全带，并挂在牢固位置，未到达安全位置不得松开安全带。

（4）在建筑物外侧区域作业时，要注意作业区域上方是否交叉作业，以免上方坠物伤人。

（5）在进行基坑边坡位移观测作业时，必须佩戴安全带并挂在牢固位置，严禁在基坑边坡内侧行走。

（6）在进行沉降观测点埋设作业前，应检查所使用的电气工具，如电线橡皮套是否开裂、脱落等，检查合格后方可进行作业，操作时佩戴绝缘手套。

(7) 观测作业时拆除的安全网等安全设施应及时恢复。

◎施工测量中质量事故的预防措施

(1) 放线工要树立“质量第一，预防为主”的思想，责任心要强。放线工作是为各工种施工提供依据的，一旦所提供的标记、数据发生错误，后续工种必然会出现错误。所以，必须树立全局思想，首先把好质量关。

(2) 认真熟悉图纸和与放线有关的技术资料，所用图纸要互相对照审核，主要尺寸要进行核算。建立施测手册，必要时画成简图，避免由于未熟悉图纸清楚而造成错误。

(3) 学习和掌握规范的有关规定，了解各分项工程的质量标准、允许偏差和对测量的精度要求。所用的仪器型号、等级是否满足所测对象的精度要求。

(4) 定位测量要先做好内业计算，确定施测方案，并画出简图，以免到现场临时计算数据而出现错误，或者发生原始点位使用错误。

(5) 对大型、复杂和特殊工程的定位测量，施测前要结合场地环境，经研究制定出周密的施测方案，并需征得技术人员同意。若施测过程发生难点，应经研究后再做处理。

(6) 定位测量、方格网、轴线控制网及其他主要部位时，放线工测量完毕，要经有关人员检查，核对无误后，才可进行下道工序施工。应随时整理测量成果，绘制施测记录（简图或者表格），经有关人员签字后存档保管。

(7) 土建图纸与其他专业图纸（特别是工业建筑的工艺图）有条件时要互相对照审核，避免由于各专业图之间不符，给安装设备造成困难。

(8) 掌握施工进度安排，了解各工种的作业程序，以便按施工进度需要及时为各工种提供放线标记（或者数据），避免由于放线工作配合不及时影响工作。

(9) 明确责任范围，对各种放线标记，哪些应由放线工提供，哪些应由各工种自行测量，要分工明确，避免漏测漏标，或者混淆不清，出现问题无人负责。

(10) 原始点位施测前要进行检查，若有变动应进行复查。原始数据（坐标、高程）要记清楚，以免将错误的数据引入测量过程中。

(11) 在各项尺寸、数字计算过程中应坚持笔算，不能心算。计算底稿应保留，以备事后复查。各种记录要如实反映测量过程的实际情况，字迹要清楚，对模糊不清的数字要进行核对或者重算，不要凭主观臆断，以保证记录的真实性和可靠性。

(12) 作建（构）筑物的沉降观测必须仔细、精确。建（构）筑物每次观测的沉降量很小，稍有粗心便测不出准确的数据，或者造成半途而废。

(13) 所提供的各种标志，如中线、轴线、边线、标高应区别分明，统一规范，以免在使用过程中用错。对一处多点（桩），现场杂乱的地方，点（桩）位更应区别分明，并要用文字加以注明。

（14）联动生产线和大型工艺流程的厂房，有时是多个单位工程，为保证整个系统工程的整体性，要建立统一的控制网。

（15）抓关键环节，关键部位出现问题，会影响全局。

（16）仪器要定期检验。对仪器及其他测量工具存在的误差应心中有数，以便在使用过程中加以改正。测量工具要加强维修和保养。

（17）测量成果（如控制桩，龙门板等）要加强保护，避免碰撞、损坏。

（18）对未使用过的新型仪器，要先熟悉其构造、性能、精度、操作程序和读数方法，以免因对仪器使用不熟练，操作不当而造成错误。

（19）施测过程中每个环节都需认真，不能忙中出错，任何粗心大意都可能引发问题。

（20）放线前宜做好准备工作，力争主动，留有复查时间。

◎施工测量中质量事故的处理方法

发现问题，应清楚问题所在。若错误尚未造成后果，可由放线工查找原因，及时纠正过来。若已造成后果，应由技术人员进行处理。查找事故原因时，首先要了解事故的性质，然后再有针对性地逐步进行检查。

（1）对出现事故的部位再次认真复查，不要轻易下结论。对到底差多少，要搞清楚。

（2）要核对设计图纸，也有可能是图纸的尺寸间有矛盾，事先未检查出来。

（3）检查起算坐标、高程引用的数据是否准确，测量点位有无变动。

（4）检查各项计算数字，记录，计算结果是否有误。

（5）如果与其他专业配合施工，专业图之间是否一致。

（6）根据事故的性质，有针对性地进行局部检查。

（7）为保证质量，必要时应全部返工重测，在未查出错误所在的情况下，不允许无根据地改动点位。

附　　录

附录 A　测量常用计算单位及换算

1984 年国务院颁布《中华人民共和国法定计量单位》，以国际单位制为基础，结合我国的实际情况，保留一些其他单位。改革开放后，与国际接轨，对原用的一些英制单位，也常会遇到，测量工作人员应有所了解。

1. 长度单位及换算

表 A-1　　长度单位及换算关系

公制			市制		英制		
单位	符号	换　算	单位	换　算	单位	符号	换　算
千米	km	1km=1000m	市里	1km=2 市里 1 市里=500m	英里	Mile (mi)	1mi=5280ft =1.609 3km
米	m	1m=100cm	市尺	1m=3 市尺 1 市尺=33.33cm	英尺	foot (ft)	1ft=12in= 0.304 8m
厘米	cm	1cm=10mm	市寸	1 市尺=10 市寸	英寸	inch (in)	1in=25.4mm
毫米	mm	1mm=1000μm	市分	1 市寸=10 市分	码	yard (yd)	1yd=3ft= 0.914 4m 1ft=0.914 4 市尺
微米	μm	1μm=1000nm					
纳米	nm	1mm= 1 000 000nm					

注　千米、米、厘米、毫米过去称公里、公尺、公分、公厘，现应改称公制的单位名。

2. 面积单位及换算

表 A-2　　面积单位及换算关系

<table>
<tr><th colspan="3">公制</th><th colspan="2">市制</th><th colspan="3">英制</th></tr>
<tr><th>单位</th><th>符号</th><th>换算</th><th>单位</th><th>换算</th><th>单位</th><th>符号</th><th>换算</th></tr>
<tr><td>平方公里</td><td>km^2</td><td>$1km^2=1\ 000\ 000m^2$
$=100hm^2$</td><td rowspan="3">亩</td><td rowspan="3">$1km^2=1500$ 亩
1 亩$=666.67m^2$
$=60$ 平方丈
$1hm^2=15$ 亩</td><td>英亩</td><td>acre</td><td>$1acre=4840yd^2$
$=4046m^2$
$=6.072$ 亩</td></tr>
<tr><td>公顷</td><td>hm^2</td><td>$1hm^2=10\ 000m^2$</td><td rowspan="2">平方码</td><td rowspan="2">yd^2</td><td rowspan="2">$1yd^2=9ft^2$
$=0.836m^2$
$=7.525$ 平方英尺</td></tr>
<tr><td>平方米</td><td>m^2</td><td>$1m^2=100dm^2$</td></tr>
<tr><td>平方分米</td><td>dm^2</td><td>$1dm^2=100cm^2$</td><td rowspan="2">平方丈</td><td rowspan="2">1 平方丈$=100$ 平方市尺
$=11.11m^2$</td><td rowspan="2">平方英尺</td><td rowspan="2">ft^2</td><td rowspan="2">$1ft^2=0.093m^2$
$=144in^2$</td></tr>
<tr><td>平方厘米</td><td>cm^2</td><td>$1cm^2=100mm^2$</td></tr>
<tr><td>平方毫米</td><td>mm^2</td><td>$1m^2=1\ 000\ 000mm^2$</td><td>平方市尺</td><td>1 平方市尺$=0.111m^2$</td><td>平方英寸</td><td>in^2</td><td>$1in^2=6.452cm^2$</td></tr>
</table>

3. 角度单位及换算关系

表 A-3　　角度单位及换算关系

60 进位制	弧度制
1 圆周角$=360°$ $1°=60'$ $1'=60''$ 1 直角$=90°$	1 圆周角$=2\pi$ 弧度 $=6.283\ 2$ 弧度 1 弧度$=\frac{180°}{\pi}=57.295\ 65°$ $=57°17'44.3''=\rho°$

附录B　建筑施工测量技术资料样表

表 B-1　　**工程定位测量记录**

<table>
<tr><td colspan="3">工程定位测量记录</td><td>编号</td><td></td></tr>
<tr><td>工程名称</td><td></td><td>委记单位</td><td colspan="2"></td></tr>
<tr><td>图纸编号</td><td></td><td>施测日期</td><td colspan="2"></td></tr>
<tr><td>平面坐标依据</td><td></td><td>复测日期</td><td colspan="2"></td></tr>
<tr><td>高程依据</td><td></td><td>使用仪器</td><td colspan="2"></td></tr>
<tr><td>允许误差</td><td></td><td>仪器校验分期</td><td colspan="2"></td></tr>
<tr><td colspan="5">定位抄测示意图：</td></tr>
<tr><td colspan="5">复测结果：</td></tr>
</table>

<table>
<tr><td rowspan="3">签字栏</td><td rowspan="2">建设(监理)单位</td><td>施工(测量)单位</td><td></td><td>测量人员岗位证书号</td><td></td></tr>
<tr><td>专业技术负责人</td><td>测量负责人</td><td>复测人</td><td>施测人</td></tr>
<tr><td></td><td></td><td></td><td></td><td></td></tr>
</table>

注　本表由建设单位、监理单位、施工单位、城建档案馆各保存一份。

表 B-2　　施工测量放线报验表

<table>
<tr><td colspan="2">施工测量放线报检表</td><td>编号</td><td></td></tr>
<tr><td>工程名称</td><td></td><td>日期</td><td></td></tr>
<tr><td colspan="4">致____________(监理单位)：
我方已完成(部位)____________
(内容)____________
的测量放线，经自检合格，请予查验。
附件：1.□放线的依据材料______页
2.□放 线 成 果 表______页
测量员(签字)：　　岗位证书号：
查验员(签字)：　　岗位证书号：

承包单位名称：　　负责人(签字)：</td></tr>
<tr><td colspan="4">查验结果：

查验结论：　　□合格　　□纠错后重报
监理单位名称：　　监理工程师(签字)：　　日期：</td></tr>
</table>

注　本表由承包单位填报，建设单位。监理单位、承包单位各存一份。

表 B-3　　基槽验线记录

<table>
<tr><td colspan="3">基槽验线记录</td><td>编号</td><td></td></tr>
<tr><td colspan="2">工程名称</td><td></td><td>日期</td><td></td></tr>
<tr><td colspan="5">验线依据及内容：</td></tr>
<tr><td colspan="5">基槽平面、剖面简图：</td></tr>
<tr><td colspan="5">检查意见：</td></tr>
<tr><td rowspan="3">签字栏</td><td rowspan="2">建设(监理)单位</td><td>施工(测量)单位</td><td></td><td></td></tr>
<tr><td>专业技术负责人</td><td>专业质检人</td><td>施测人</td></tr>
<tr><td></td><td></td><td></td><td></td></tr>
</table>

注　本表由建设单位、施工单位，城建档案馆各保存一份。

表 B-4　　楼层平面放线记录

<table>
<tr><td colspan="3">楼层平面放线记录</td><td colspan="2">编　号</td><td></td></tr>
<tr><td colspan="2">工程名称</td><td></td><td colspan="2">日　期</td><td></td></tr>
<tr><td colspan="2">放线部位</td><td></td><td colspan="2">放线内容</td><td></td></tr>
<tr><td colspan="6">放线依据：</td></tr>
<tr><td colspan="6">放线简图：</td></tr>
<tr><td colspan="6">检查意见：</td></tr>
<tr><td rowspan="3">签字栏</td><td rowspan="2">建设(监理)单位</td><td>施工(测量)单位</td><td colspan="3"></td></tr>
<tr><td>专业技术负责人</td><td colspan="2">专业质检人</td><td>施测人</td></tr>
<tr><td></td><td></td><td colspan="2"></td><td></td></tr>
</table>

注　本表由施工单位填写并保存。

表 B-5　楼层标高抄测记录

<table>
<tr><td colspan="3">楼层标高抄测记录</td><td>编　号</td><td colspan="2"></td></tr>
<tr><td colspan="2">工程名称</td><td></td><td>日　期</td><td colspan="2"></td></tr>
<tr><td colspan="2">抄测部位</td><td></td><td>抄测内容</td><td colspan="2"></td></tr>
<tr><td colspan="6">抄测依据：</td></tr>
<tr><td colspan="6">抄测说明：</td></tr>
<tr><td colspan="6">检查意见：</td></tr>
<tr><td rowspan="3">签字栏</td><td rowspan="2">建设(监理)单位</td><td>施工(测量)单位</td><td></td><td colspan="2"></td></tr>
<tr><td>专业技术负责人</td><td>专业质检人</td><td colspan="2">施测人</td></tr>
<tr><td></td><td></td><td></td><td colspan="2"></td></tr>
</table>

注　本表由施工单位填写并保存。

表 B-6　　建筑物垂直度、标高观测记录

<table>
<tr><td colspan="2">建筑物垂直度、标高观测记录</td><td>编　号</td><td></td></tr>
<tr><td>工程名称</td><td colspan="3"></td></tr>
<tr><td>施工阶段</td><td></td><td>观测日期</td><td></td></tr>
<tr><td colspan="4">观测说明(附观测示意图)：</td></tr>
</table>

垂直度测量(全高)		标高测量(全高)	
观测部位	实测偏差(mm)	观测部位	实测偏差(mm)

<table>
<tr><td colspan="5">结论：</td></tr>
<tr><td rowspan="3">签字栏</td><td rowspan="2">建设(监理)单位</td><td>施工(测量)单位</td><td></td><td></td></tr>
<tr><td>专业技术负责人</td><td>专业质检人</td><td>施测人</td></tr>
<tr><td></td><td></td><td></td><td></td></tr>
</table>

注　本表由施工单位填写建设单位、施工单位各保存一份。

表 B-7　　**沉 降 观 测 记 录**

<table>
<tr><td colspan="4" rowspan="2">沉降观测记录</td><td rowspan="2">编　号</td><td colspan="2"></td></tr>
<tr><td colspan="2"></td></tr>
<tr><td>工程名称</td><td></td><td>水准点编号</td><td></td><td>测量仪器</td><td colspan="2"></td></tr>
<tr><td>水准点所在位置</td><td></td><td>水准点高程</td><td></td><td>仪器检定日期</td><td colspan="2">年　月　日</td></tr>
<tr><td colspan="7">观测日期：自　年　月　日至　年　月　日</td></tr>
<tr><td colspan="7">观测点布置：</td></tr>
</table>

观测点编号	观测日期	荷载累加情况描述	实测标高（m）	本期沉降量（mm）	总沉降量（mm）	仪器型号	仪器检定日期

<table>
<tr><td>观测单位名称</td><td colspan="2"></td><td rowspan="3">观测单位印章</td></tr>
<tr><td>技术负责人</td><td>审核人</td><td>施测人</td></tr>
<tr><td></td><td></td><td></td></tr>
</table>

注　本表由测量单位提供，城建档案馆、建设单位、监理单位、施工单位各保存一份。

表 B-8

报 验 申 请 表

工程名称：　　　　　　　　　　　　　　　　　　　　　　　　编号：

<table>
<tr><td>
致　　　　　　（监理单位）
我单位已完成了____________________________工作，现报上该工程报验申请表，请予以审查和验收。
附件：

承包单位(章)______________
项目经理______________
日　　期______________
</td></tr>
<tr><td>
审查意见：

项目监理机构______________
总/专业监理工程师______________
日　　期______________
</td></tr>
</table>

参 考 文 献

[1] 李征航，黄劲松. GPS测量与数据处理[M]. 武汉：武汉大学出版社，2005.

[2] 郝光荣. 测量员[M]. 北京：中国建筑工业出版社，2009.

[3] 李晓莉. 测量学实验与实习[M]. 北京：测绘出版社，2006.

[4] 梁玉成. 建筑识图[M]. 北京：中国环境科学出版社，2004.

[5] 建设部干部学院. 工程测量[M]. 武汉：华中科技大学出版社，2009.